A BRIEF HISTORY OF OCEANS FOR CHILDREN

海洋简史

少年简读版 ④

干焱平◉主　编

青岛出版集团 | 青岛出版社

图书在版编目（CIP）数据

海洋简史：少年简读版 . 4 / 干焱平主编 . -- 青岛：青岛出版社，2024.4
ISBN 978-7-5736-2097-2

Ⅰ . ①海… Ⅱ . ①干… Ⅲ . ①海洋－文化史－世界－少年读物 Ⅳ . ① P7-091

中国国家版本馆 CIP 数据核字 (2024) 第 058047 号

HAIYANG JIANSHI （SHAONIAN JIANDU BAN）

书　　　名　海洋简史（少年简读版）
主　　　编　干焱平
副　主　编　刘晓玮
出 版 发 行　青岛出版社（青岛市崂山区海尔路 182 号）
本 社 网 址　http://www.qdpub.com
责 任 编 辑　唐运锋　李康康
助 理 编 辑　胡肖肖
封 面 设 计　刘　帅
排　　　版　青岛艺鑫制版印刷有限公司
印　　　刷　青岛新华印刷有限公司
出 版 日 期　2024 年 4 月第 1 版　2024 年 4 月第 1 次印刷
开　　　本　16 开（889mm×1194mm）
印　　　张　20
字　　　数　400 千
书　　　号　ISBN 978-7-5736-2097-2
定　　　价　136.00 元（全四册）
编校印装质量、盗版监督服务电话　4006532017　0532-68068050

前言
PREFACE

海洋是人类文明的摇篮。从人类诞生开始，海洋就是不可忽略的存在。和海洋相比，人类的历史长度不过寥寥。可以说，海洋的痕迹深深印刻在人类历史的每个阶段，而人类也以此构建了海洋文明。从食鱼果腹到使用海贝作为钱币和装饰品，从鱼叉到现代化航母……不论是野蛮的原始部落时期，还是发达的帝国城邦时期，人和海洋的缘分一直彼此缠绕，无法分离。

地球上有太多的生物依靠海洋的馈赠而活。人类在历史中砥砺前行，文明的发展离不开海洋的慷慨。不过，海洋有时也有自己的脾气，惊涛骇浪、潮灾海啸、侵蚀海岸……这些无可避免的灾难，展示着海洋摧枯拉朽的强大力量，提醒着人们要有敬畏之心。当然，人类也以不可思议的速度，将自己的身影根植在海洋的历史之中。航行、潜水、灯塔、海盗、渔场、航母……人类以独特的智慧，依靠海洋创造出了丰富厚重的文明历史。

以自然风光和文明之光做笔，描绘一幅关于海洋的美丽长卷。这本《海洋简史》，有渔民生活、海洋帝国，也有古船港口、海洋科技……将多姿多彩的海洋文明用简洁而翔实的文字叙述，用精美而多彩的画作描绘，只希望读者能更加了解海洋的文明。在这颗大部分被海洋所覆盖的星球上，海洋与人类、与文明交相辉映，我们将在这里一一呈现，只等你来感受与探索。

第一章
海上贸易

第二章
海战硝烟

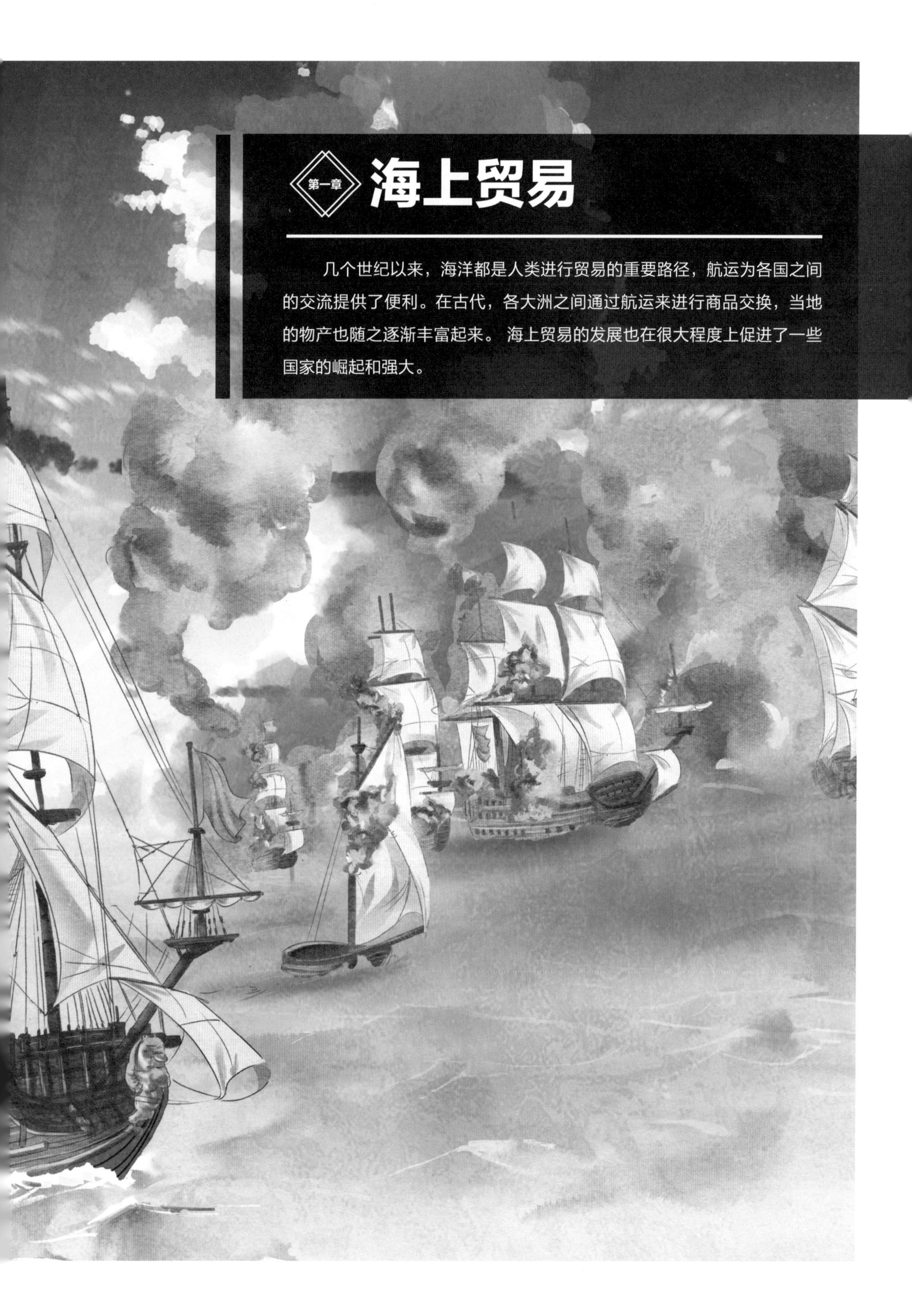

第一章 海上贸易

几个世纪以来，海洋都是人类进行贸易的重要路径，航运为各国之间的交流提供了便利。在古代，各大洲之间通过航运来进行商品交换，当地的物产也随之逐渐丰富起来。海上贸易的发展也在很大程度上促进了一些国家的崛起和强大。

古希腊市场

作为世界历史上一颗璀璨的明珠，除了拥有灿烂的文明之外，古希腊也拥有繁荣的经济和发达的海外贸易，并且从殖民贸易中获得了巨大的利益。

▼ 古希腊的集市

繁荣的经济

埃维亚岛是古希腊东部沿海最大的岛屿。公元前 8 世纪晚期，埃维亚岛有非常活跃的商业贸易，它曾经是古希腊冶金业的中心，岛上的主要城市哈尔基斯和埃雷特里亚都是著名的商港。海外贸易在古希腊经济中占据了十分重要的地位，其贸易地点遍布爱琴海和西方的海岸。

▼ 黑海边的贸易

柏拉图曾说：“我们环绕着大海而居，如同青蛙环绕着水塘。”

奴隶制经济

从公元前 8 世纪一直到后来的几个世纪，奴隶制经济是古希腊社会中占统治地位的生产方式。战俘、债奴以及海盗劫持的人口等常会沦为奴隶。奴隶等同于财物和工具，经常被打上烙印或戴上颈圈，被迫从事物质生产工作，过着非人的生活，毫无尊严可言。不堪重负的奴隶经常与奴隶主做斗争，不断举行武装起义。后来，古希腊的奴隶制经济逐渐衰落，过渡为封建制度。

海外殖民地的设立

由于资源匮乏、水灾饥荒、国家内部矛盾等，古希腊开始在海外设立殖民地。自公元前 734 年古希腊在西西里岛建立殖民地纳克索斯起，古希腊建立的殖民城邦国家的农业和商业都得到了不同程度的发展。古希腊与这些殖民城邦国家进行商品交换，也通过他们与周围的土著居民进行交易。

▲ 古希腊军队

黑海的殖民贸易

公元前 7 世纪，古希腊开始了在黑海的殖民贸易。古希腊在黑海沿岸建立了大约 30 个殖民城邦。此后，殖民地城邦利用黑海丰富的资源发展自身经济，注入黑海的河流为希腊殖民地与黑海内陆的贸易交换提供了航线。河流的入海口或三角洲地带盛产各种鱼类，黑海地区还拥有丰富的金属和谷物资源，这都为古希腊经济发展提供了源源不断的动力。

▼ 港口城市

印度洋上的贸易交流

印度洋自古以来就是东西方交往的汇聚之地，拥有红海、阿拉伯海、波斯湾等重要的边缘海域和海湾，商业贸易繁荣发达。在古代，通过印度洋贸易，亚洲、非洲和欧洲被紧密联系起来。

贸易伊始

印度洋的贸易主要集中在北部海域的东非、中东、南亚以及东南亚的航线上。大约在公元前 3000 年，在印度洋就可以看到商人贸易的身影，那时候南亚文明就已经与美索不达米亚建立了航海联系。

▼ 商人们装卸谷物

逐渐发展

公元 1 世纪，东非港口阿杜利斯成为印度洋贸易的重要港口，出口象牙、黄金、黑曜石等，同时进口布匹、酒和服装等。阿拉伯帝国崛起后，严重削弱了地中海的贸易，环印度洋贸易发展起来。后来，斯里兰卡成为印度洋上重要的贸易中心，这里地理位置优越，是印度洋东西部商船会合的中继站。

象牙是象科动物的獠牙。

宝石

▲ 东非沿岸的贸易物品

走向巅峰

造船和航海技术的进步，使印度洋上的贸易迅速发展。7 世纪时，位于底格里斯河的巴格达成为印度洋上的主要港口，与贸易中转站印尼和马来西亚保持着联系。到了 15 世纪，东非沿海兴起了商业城市，贸易线四通八达。马六甲港也因为地理位置独特，成为重要的商品交易中心。中国商人通过马六甲海峡运来绸缎、蚕丝、陶器等，以此换取珍宝、香料、玻璃器皿等货物。

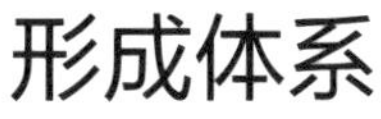

形成体系

16 世纪，葡萄牙殖民者踏入印度洋，随之而来的是来势汹汹的荷兰、英国及其他西方殖民者。印度洋贸易逐渐被垄断，成为西方殖民经济的重要一翼。西方殖民者不断攫取利益，印度洋经贸圈逐渐暗淡。但是无论如何，印度洋的海上贸易经过长期的发展，逐渐形成了比较完整的贸易体系，影响深远。一直到今天，印度洋航线都在世界上占有重要的地位，为各国的海上贸易提供着便利。

▼ 古代印度洋沿岸的商贸城市

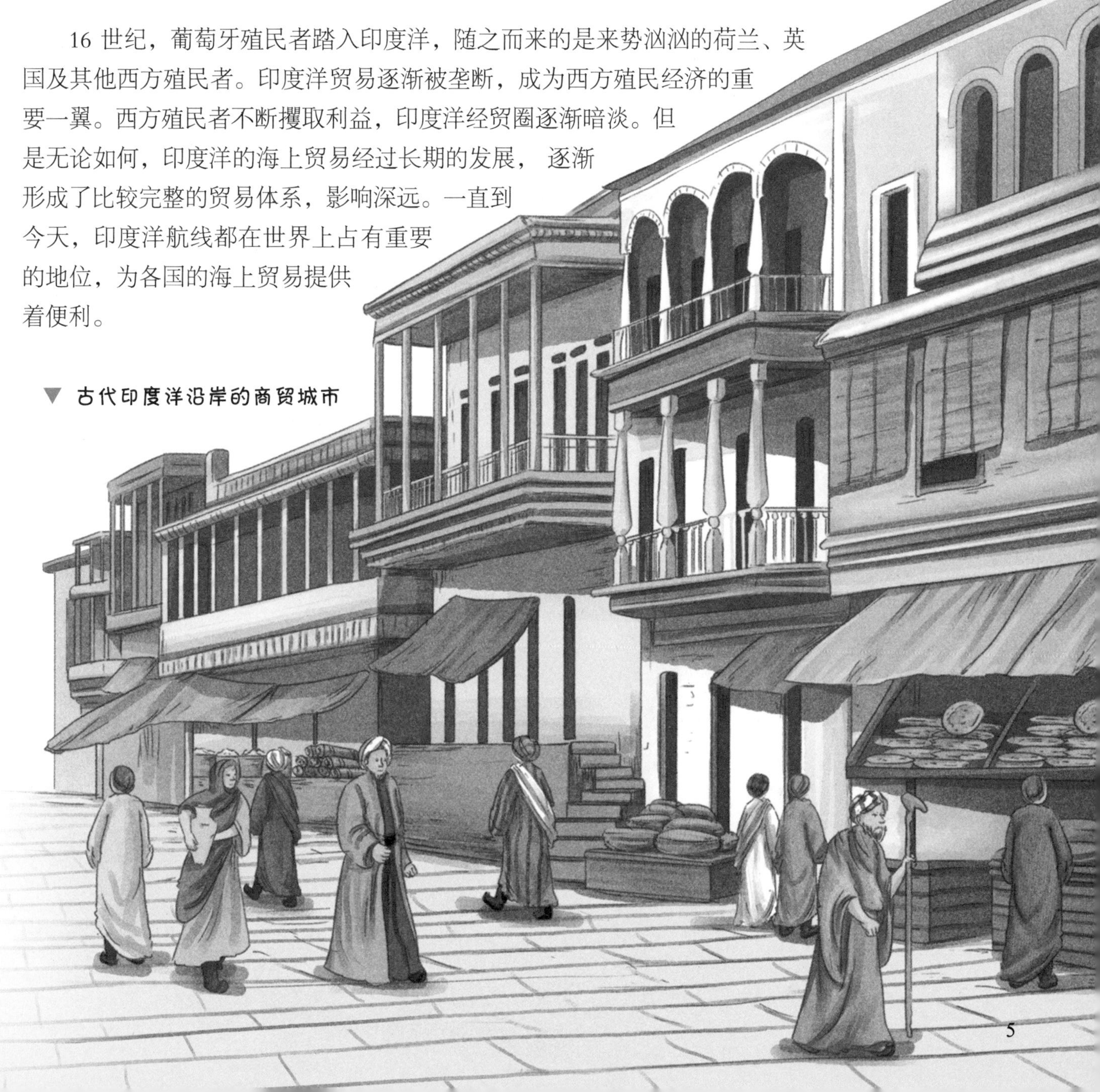

▲ 通过丝绸之路运往世界各地的货物

海上丝绸之路

陆上丝绸之路上的驼铃声让人禁不住想去了解那神秘的西域。与陆上丝绸之路相对应的是海上丝绸之路。一支又一支绵延的船队，满载着希望与使命，沿着既定的航线，跨过海峡与陆地，驶向辽阔的远方。

东西方交流通道

海上丝路在商周时期就已经萌芽，是目前最古老的海上航线，也是古代中国与外国贸易和文化交流的海上要道。通过海上丝路，中国人走向世界，世界也走进中国，中国在发展本国经济的同时促进了沿线各国的发展。中国运往世界各地的货物，如丝绸、瓷器与茶叶等，将东方文明之风吹向全球。

发展历程

海上丝绸之路在西汉就已经存在。魏晋时期，广州成为海上丝绸之路的主要港口，对外贸易涉及15个国家和地区，主要输出丝绸。到了唐朝中期，海上丝绸之路超越了陆上丝绸之路，成为中外贸易的主要通道。宋元时期，造船和航海技术明显提高，海上丝绸之路的发展达到了鼎盛。广州、宁波和泉州成为当时我国的三大主要港口，出口绢帛、瓷器等。后来因为明朝海禁，泉州港衰落。清末鸦片战争之后，西方列强垄断了中国的出口贸易，海上丝绸之路就此衰落。新中国成立后，情况才得以改善。

两条航线

海上丝绸之路分为东海航线和南海航线两个分支，其中南海航线更为主要。通过东海航线，中国的商品被源源不断地输往日本及朝鲜半岛，随之传播过去的中国文化深刻影响了日本和朝鲜半岛的生活习惯及社会风俗。南海航线是从中国东南沿海出发，经过菲律宾群岛和印尼群岛，穿过马六甲海峡进入印度洋，到达阿拉伯半岛，最后进入欧洲和东非海岸。中国的丝绸和瓷器经过这条航线由阿拉伯商人送往欧洲。

▲ 阿拉伯双桅商船

21世纪海上丝绸之路

2013年10月，“21世纪海上丝绸之路”的战略构想被正式提出，主要航线为泉州—福州—广州—海口—北海—河内—吉隆坡—雅加达—科伦坡—加尔各答—内罗毕—雅典—威尼斯。在这一航线中，东盟位于十字路口，是新海上丝路的重点发展目标。此外，长三角、珠三角等地区开放程度高、经济实力强、辐射范围广的优势被充分发挥。21世纪海上丝绸之路以点带线、以线带面，增进我国同沿线国家和地区的交往。

小百科

东盟是“东南亚国家联盟”，包括马来西亚、印度尼西亚、泰国、菲律宾、新加坡、文莱、越南、老挝、缅甸和柬埔寨十个国家。

▲ 现代丝绸之路上的港口

宋朝繁荣的海上贸易

说到我国古代经济最繁荣的朝代，大多数人会想到唐朝，其实宋朝的经济富庶程度远远超过唐朝。宋朝之所以能创造如此多的财富，要归功于繁荣的海上贸易。

宋朝政府在各重要港口设置了市舶司或市舶司的下属机构。

▲ 市舶司

唐朝设立的广州市舶使为市舶司的前身。宋朝时又增设了泉州、明州（今属宁波）、杭州和密州（今属青岛胶州）等市舶司。

▼ 火药

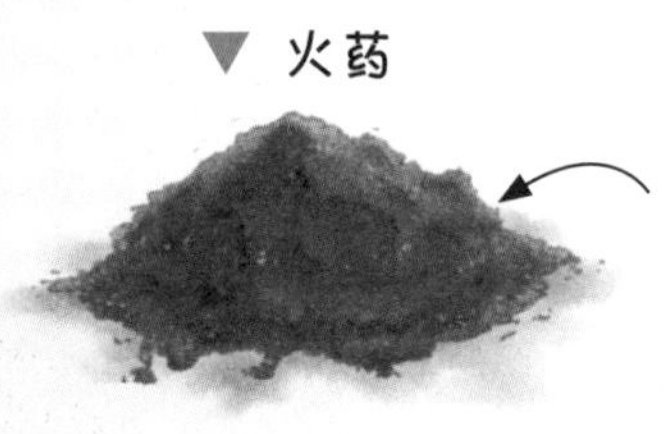

黑火药简称“黑药”，一般由硫黄、木炭和硝石混合而成。

▼ 司南

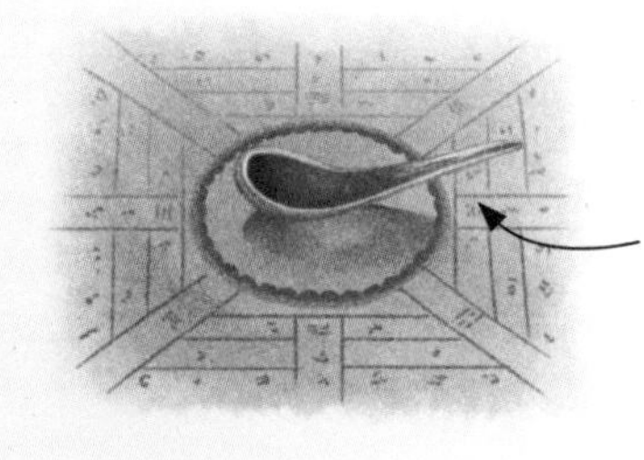

司南是早期的指南仪器。

贸易盛况

宋神宗在位时，宋朝的对外贸易港口已经有 20 多个，并设有 5 个市舶司，外贸规模相较于之前成倍扩大。当时的泉州港有着世界上最大、最先进的商船，可以同时装载 1000 多人。商船将中国的丝绸、茶叶、瓷器等运往世界各地，并把香料、檀木、玉石珠宝等运回中国。当时在欧洲价格堪比黄金的胡椒，在泉州港多到以吨来计；而那些让欧洲贵族钟爱无比的丝绸和瓷器，也只是泉州港的寻常货物。如此场景让来到这里的外国商人惊叹不已。

▼ 宋朝的商船

宋朝的海上贸易为何如此繁荣？

宋朝海上贸易的繁荣并不是偶然的，而是有政治、经济等各方面因素的推动。北方少数民族崛起后，陆上丝绸之路被切断，海上贸易迅速发展起来。同时，宋朝政府鼓励海上贸易，造船和航海技术非常先进，指南针被发明出来，这些都为宋朝海上贸易的繁荣创造了条件。

意义重大

海上贸易为宋朝政府带来了丰厚的收入，成了宋代财政的支柱，也使百姓的物质和精神生活更加丰富。此外，宋代的海外贸易促进了中国与海外的技术交流，比如阿拉伯人就是通过这一途径学会了制造火药以及使用指南针，并将其传到了西方国家。宋代通过海上贸易引进了一些农作物的优良品种，促进了我国农业的发展。中外关系也在宋代的经贸往来中日渐友好。

闻名世界的泉州港

泉州在宋朝的海上贸易中扮演着非同寻常的角色，地位非常重要。南宋末年，泉州超越广州成为当时世界上最大的贸易港口。泉州的西南侧被群山环抱，东南则濒临大海，地理位置优越。此外，泉州拥有东南、西南、东北等多条海外航线，是国内沿海航线的中心，更是当时海上丝绸之路的起点。以上原因决定了泉州在宋朝海上贸易中的地位无可比拟。

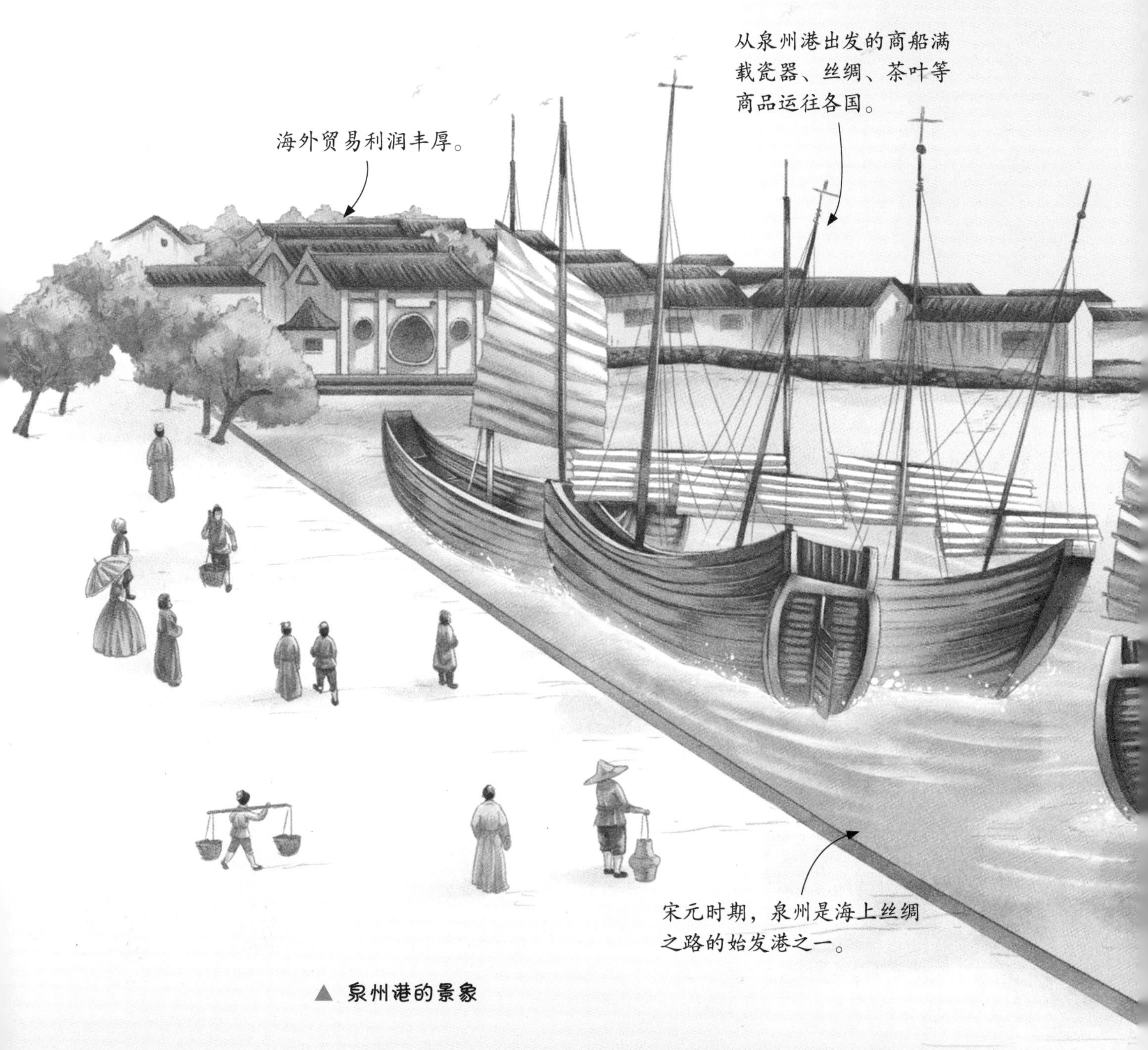

▲ 泉州港的景象

▲ 古代中国人与外国商人进行贸易

回回蕃客

在中国古代，“蕃客”用来称作外国来的商旅，他们从广州、泉州等港口进入内地经商，有的在当年冬天或第二年回国，有的干脆就留在了中国，渐渐形成了一个全新的民族。回回蕃客是宋元时期对来华朝贡、经商的信仰伊斯兰教的商人、使者的称谓。

唐俑的材质以陶为主。

▲ 西域胡人唐俑

回族的形成

唐朝时期就有大量的阿拉伯商人、波斯商人和犹太商人从海路来华经商，之后在中国定居下来。他们娶妻生子，世代绵延。这样的蕃客就是回族的主要族源之一。到了明朝，这个由多民族融合的新民族最终形成。

实力雄厚的蒲氏家族

蒲氏家族是回回蕃客中的传奇，在宋元时期叱咤东南沿海。海洋贸易是蒲氏家族的主业，族人们通过经营商船，运贩香料等大宗商品，逐渐让蒲氏家族发扬壮大，成为首屈一指的豪门望族。

一代富贾蒲寿庚

蒲寿庚是蒲氏家族的代表人物，曾在南宋泉州市舶司当官。他在任职期间亦官亦商，通过经营海外香料贸易积累了大量财富。随着朱元璋建立明朝，蒲寿庚也失去了自己的保护伞。朱元璋认为蒲寿庚协助外族灭汉族，不忠不义，明确规定“禁蒲姓者不得读书入仕”。

▼ 蒲寿庚

加勒比风云

哥伦布如果生活在今天，他不去航海的话，还可以去做一个演员。他每登上美洲的一个岛屿，都要跪在地上振臂高呼“感谢上帝！”，然后宣布这块土地归西班牙所有。

宁静被打破前

哥伦布的“巡演”也在美洲的加勒比地区上演过。在这之前，加勒比地区的原住民生活相对安稳。因为住在岛上的加勒比人常常去侵扰住在另一座岛上的泰诺人，捉走他们并将其当作俘虏去奴役。泰诺人常听说加勒比人会杀死俘虏，并将他们吃掉，因此恐惧地称加勒比人为“食人族”。传言只是传言，没有人真的知道加勒比人到底吃不吃人，但他们性情凶悍确实是真的。

难过的日子

不久后，哥伦布的到来打破了加勒比地区的平静，使这里和美洲其他地区一样，也成了西班牙的殖民地。很快泰诺人和加勒比人都成了替西班牙开采黄金的奴隶，奴隶们不仅要进行辛苦的劳作，还要遭受奴隶主的虐待与传染病的侵袭。泰诺人和加勒比人曾反抗过，但他们根本不是西班牙人的对手。16 世纪中叶，加勒比地区已经再也找不到一个泰诺人了。

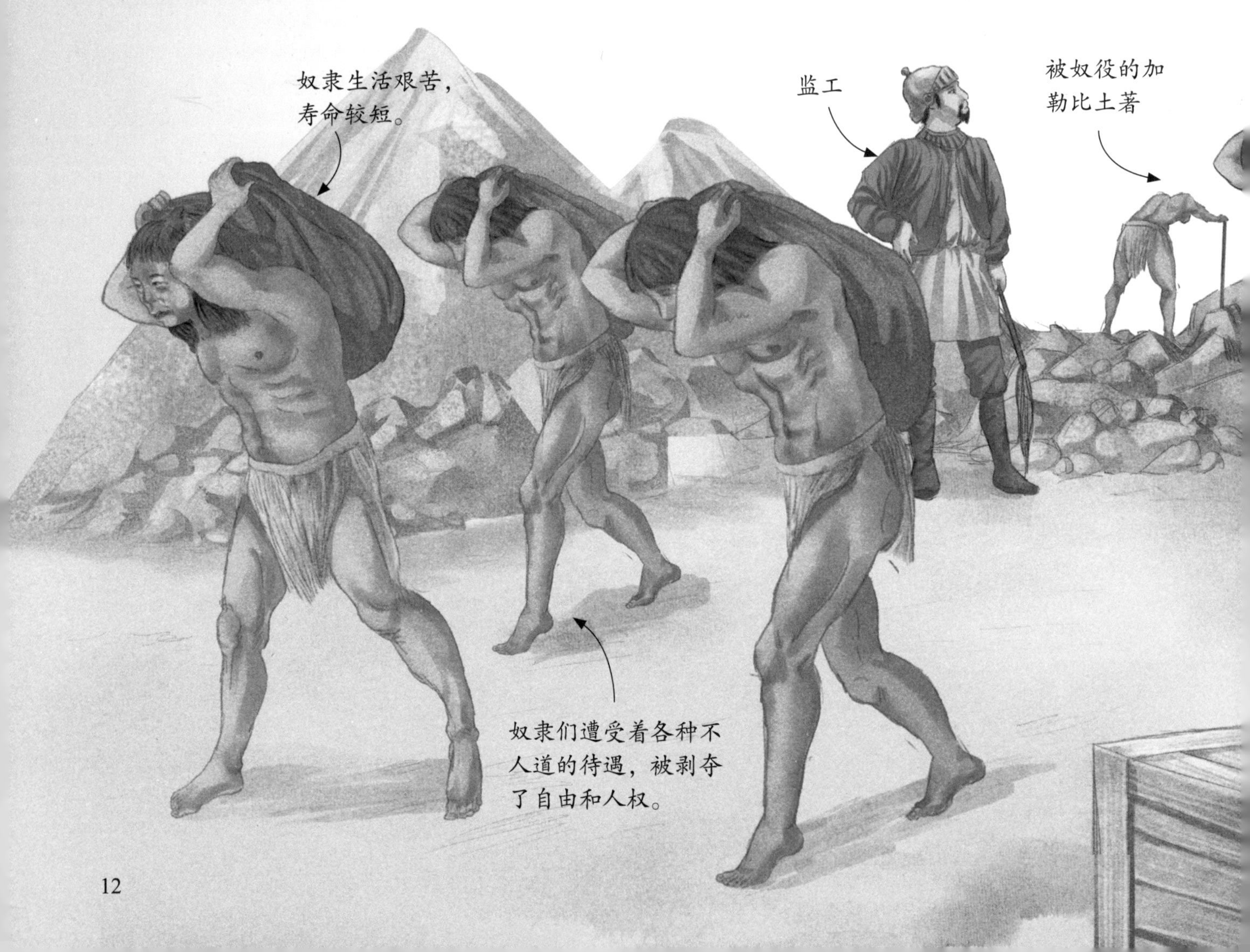

无可奈何的走私

加勒比成为西班牙的殖民地后，许多西班牙人都移民到了这里。西班牙规定殖民地不能与外国进行贸易往来，所以殖民地的西班牙人只能买西班牙定价的商品并且交税，这导致殖民者的生活成本非常高，走私行为因此被催生出来。走私商人会低价收购加勒比的烟草，高价卖给别国，只留一小部分交税的烟草运回本国，就这样走私商人聚敛了大量财富。

▲ 走私活动

加勒比海盗

许多来自欧洲的逃犯、逃奴来到加勒比后，摇身一变成了海盗，这就是广为流传的“加勒比海盗”。加勒比海盗主要埋伏在加勒比海，袭击经过的西班牙珍宝船队。他们像凶悍的狼群，先追赶船队将其冲散，然后锁定其中最弱的目标，对其进行围捕。西班牙政府对加勒比海盗深恶痛绝，但海盗的劫掠却补给了殖民地足够的物资。

小百科

加勒比海水色湛蓝，布满了美丽的白色珊瑚礁。大多数时间加勒比海都是平静温和的，但到了夏季，加勒比海往往会受到飓风的侵袭。

◀ 加勒比海盗

▲ 加勒比海上的海盗船

西班牙珍宝船队

西班牙珍宝船队是西班牙政府在西班牙本土和其殖民地之间运送金银珠宝、香料烟草等货物的船队。面对猖獗的海盗劫掠，西班牙珍宝船队没有坐以待毙，而是将船队分为两支舰队，一只前往美洲，一支前往亚洲，每支舰队都配备了重型武器，可与海盗作战。

海盗船与西班牙珍宝船队交火。

被瓜分的加勒比海

除了西班牙，欧洲其他国家也在加勒比地区建立了殖民地。英国得到了现在古巴的牙买加和更远一点的百慕大群岛，丹麦和法国也占领了一些小岛。西班牙没有停止和这些国家争夺殖民地，在那段时期，加勒比地区风起云涌，纷争不休……

意大利在地中海的贸易

作为一片被欧洲、西亚和北非包围的水域，地中海在古代海洋贸易中扮演着重要的角色。11 至 15 世纪，意大利北部的一些城市与地中海东部沿岸地区之间一直存在着商业往来。这种商业往来以商品交换为主要内容，促进了西欧资本主义萌芽的产生。

▲ 地中海边的城市

欧亚非之间的海——地中海

地中海位于欧洲、非洲和亚洲之间，西面通过直布罗陀海峡与大西洋相连，东部通过土耳其海峡连接黑海，地理位置绝佳。因为光热充足，这里是重要的亚热带水果产区，如柑橘、无花果和葡萄等，此外还盛产油料作物油橄榄。地中海岛屿众多，其中西西里岛的农业和渔业都比较发达，盛产小麦、水果、棉花，以沙丁鱼和金枪鱼为代表的海鲜资源众多。后来，人们还在这里发现了石油、天然气等矿藏以及盐场，促进了工业的发展。

贯穿始终的商品交换

香料在当时被视为奢侈品，在贸易中占有重要的地位。胡椒、肉桂和丁香等都是地中海贸易中的主要商品。威尼斯商人控制了地中海到亚历山大港的航路，渐渐将欧洲的香料贸易垄断。随着贸易往来的日益频繁，交易的商品更加多样化，水果、药剂、染料、棉花和生丝等也开始被贸易。12 世纪后，意大利人开始输出木料和武器，向比利时和法国输出呢绒，向北非运去亚麻、棉花、皮革，贸易十分繁荣。

▲ 香料

香料有着独特的香气，应用领域十分广泛。

▲ 奥斯曼帝国发动战争

走向衰落

地中海贸易的繁荣是建立在其东西方贸易中心的基础上的。随着 15 世纪美洲被发现和大西洋航线被确定，大西洋航线拥有更多的矿藏及廉价劳动力。而东地中海贸易被奥斯曼帝国垄断，大西洋航线开辟后，欧洲各国大力发展这一贸易区，获得了比地中海航线更丰厚的利润，引发了价格革命。缺少市场的地中海贸易渐渐走向衰落。

▼ 繁荣的市场

威尼斯的优势

如果你看过小说《威尼斯商人》，你也许会对一毛不拔的守财奴夏洛克印象深刻，而差点被夏洛克“割下一磅肉”的商人安东尼奥就是威尼斯新兴的资产阶级商人。在那时的威尼斯，商人构成了威尼斯最庞大的职业群体。

中世纪的辉煌

中世纪的威尼斯是作为一个城市共和国而存在的，在欧洲经济发展史上有不可忽视的地位。威尼斯靠海盐和咸鱼贸易起家，在 13 到 15 世纪经历了极大的发展与繁荣，成为地中海地区最繁华的贸易中心之一。威尼斯仅仅作为一个城市就建立了海洋霸权，拥有强大的海军，殖民地遍布东地中海。

地理位置优越

威尼斯处于西欧与拜占庭帝国之间。拜占庭帝国对外贸易发达，从遥远的东方运来贵重的商品，并将这些商品连带本国的产品一同运往高卢、西班牙等地。威尼斯充分利用这一地理优势，获得了极大的利益。另外，威尼斯是距离欧洲中心最近的港口，可以利用船只与埃及等地进行贸易。以上原因造就了威尼斯商业的巨大成功。

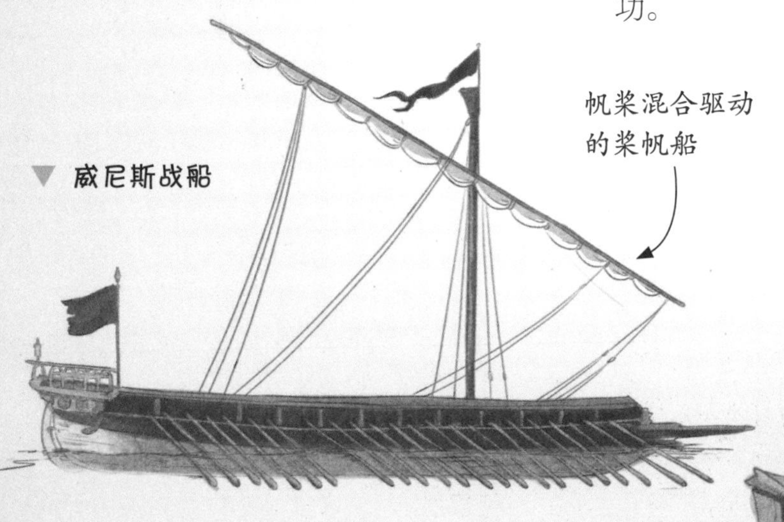

▼ 威尼斯战船

威尼斯商人

生来为商业

威尼斯政府非常注重海上贸易的发展，是威尼斯商人的坚实后盾。政府对商船保驾护航，并为此提供了和平的发展环境。威尼斯海上贸易的发展也离不开商业精神的作用。威尼斯人是西罗马人的后代，继承了西罗马人优秀的商业才能和品质，甚至沿袭了过去贸易的路线和商品。威尼斯人崇尚贸易、利润与财富，认为经商是上帝赐予他们的职业。

国际环境成为助力

中世纪的国际环境助力了威尼斯海上商业的兴起。由于蛮族的入侵，西欧的马塞、热那亚、比萨等港口逐渐衰落，而威尼斯由于有海岛作为天然屏障，没有受到蛮族的入侵，社会比较安定。此外，西欧城市的贵族对东方奢侈品一直存在需求，而东方国家也需要进口奴隶、木材、金属等物品。基于此，威尼斯的转运贸易比较发达。安稳的政治环境以及东西方的互补需求，成了威尼斯商业的发展动力。

汉萨同盟

12 到 16 世纪，有一大批德意志商人活跃在北海和波罗的海，为保护自身利益，他们结成了商业同盟——汉萨同盟。汉萨同盟最鼎盛的时候，可以在北欧的经济舞台甚至是政治舞台上呼风唤雨。自成立之后，汉萨同盟控制波罗的海和北海的贸易达数个世纪。

“经济合伙人”——汉萨同盟

汉萨同盟是 1356 年在德意志北部城市之间形成的商业与政治联盟，极盛时加盟的城市超过 160 个，联盟的中心是吕贝克。同盟形成后，就开始清除波罗的海和北海的海盗，同时疏通了北欧的贸易路线，还发动经济战，以此垄断北海和波罗的海的贸易。满载着木材、布匹、粮食等物品的汉萨同盟商船在北海和波罗的海繁忙地穿梭着，架起了北欧东部和西部贸易交流的桥梁。

管理严格

想加入汉萨同盟的城市要满足苛刻的条件——必须要位于沿海地带或通航河流的两岸，还要拥有自主权。同盟成员城市受同盟法律约束，如果想要发动战争，必须获得邻近的 4 个同盟城市的同意，如果违背就会被开除。被开除城市的商人会失去所有同盟城市的特权，并被逮捕及没收货物。

同盟性质的转变

当德国受到的军事威胁逐渐扩大后，汉萨同盟开始了海军的建设。此时的汉萨同盟已经由单纯的经济同盟转变为了集经济、政治和军事为一体的同盟，许多城市为获得商业利益或安全保障加入了同盟。

极盛后的衰落

◀ 汉萨同盟城市港口

14 世纪后期是汉萨同盟最鼎盛的时期。与同盟建立联系的国家获得了巨大利益，纷纷欢迎汉萨同盟在本国开设商站。15 世纪之后，汉萨同盟出现了衰落的迹象。汉萨同盟“投机取巧”的行为被其他国家渐渐察觉。部分国家联合起来，开始越过汉萨同盟交易，为自己谋取利益。后来吕贝克船队在拿破仑战争中被英国海军消灭，这一事件成为压垮汉萨同盟的最后一根稻草。汉萨同盟彻底衰落。

“黑三角贸易”

从 16 世纪开始，非洲大陆上经历了长达 4 个世纪的奴隶贸易。奴隶贸易被马克思称为“贩卖人类血肉”的肮脏勾当，给非洲人民带来了身体和精神上的巨大创伤。

利益驱使

新航路开辟后，商业不断发展，贸易逐渐扩大。在世界范围内，欧洲和亚洲的商贸最发达，对欧洲国家来说，亚洲处于千里之遥，相比之下，美洲和非洲则近得多，这成为“黑三角贸易”的有利因素。葡萄牙、西班牙、英国、法国等欧洲国家在美洲创建种植园，进行矿产开发。因为需要大量的廉价劳动力，贪婪的殖民者将目光投向了非洲大陆，罪恶的奴隶贸易便由此开始了。

▲ 黑人奴隶在种植园中劳作

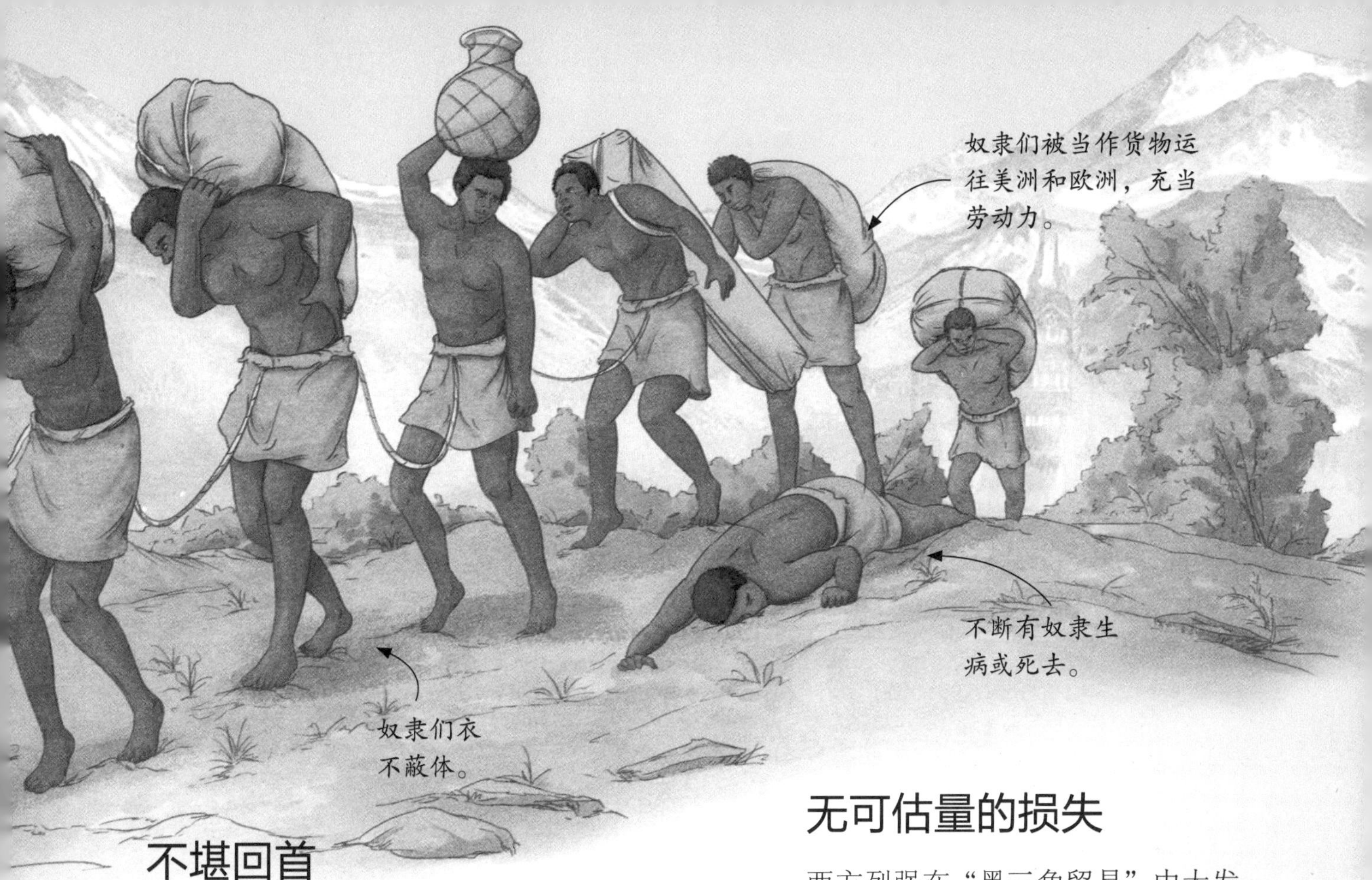

不堪回首

“黑三角贸易”就是奴隶贸易。贩卖奴隶的欧洲人从本国出发，用盐、布匹和朗姆酒等商品到非洲换成奴隶，然后带着奴隶通过大西洋去往美洲，在美洲用奴隶换来糖、烟草和稻米等之后再返回欧洲。在这一过程中，船只航行的线路大致构成了三角形，加上贩卖的奴隶是黑色人种，所以叫做“黑三角贸易”。这一贸易活动从 15 世纪中叶一直持续到 19 世纪末，成为非洲乃至人类发展史上的一段极其黑暗的时期。

无可估量的损失

西方列强在“黑三角贸易”中大发横财，而非洲却像被抽干血一样。非洲的人口大量流失，而且是以青壮年为主。同时，奴隶贸易导致了非洲社会制度的大倒退，各个国家纷纷瓦解。不仅如此，伦理道德也在很大程度上出现倒退。在奴隶贸易中，欧洲人煽动原本和平的部落之间互相争斗，使当地的社会道德严重败坏。殖民者对非洲民族采取的残酷暴行，给非洲社会带来了灾难性的后果。

终于废止

1807 年，英国通过法案宣布废止奴隶贸易。同年美国总统签署《禁止贩运法》，宣布从 1808 年开始废除奴隶贩卖。发布禁令并不意味着奴隶贸易实际上的终止。由于法案的颁布，奴隶的价格水涨船高，奴隶的困境并没有得到改善。世界各地的商人通过其他手段进行着非法奴隶贸易。直到 1862 年林肯宣布废除奴隶制，饱受折磨的非洲黑人才终于成了自由人。

▲ 黑奴贸易被废止

东印度公司

当提到西方国家对东方的殖民活动时，“东印度公司”这个名词会频繁出现。英国、荷兰、丹麦、葡萄牙等诸多帝国都曾有过大大小小的殖民地，为了处理殖民地的事务，“东印度公司”应运而生。

东印度公司都在印度吗?

东印度公司并不全在印度，那为什么要叫“东印度”公司？其实是当年哥伦布错把美洲当成了印度，后来人们将错就错，把真正的印度叫“东印度”，把美洲叫“西印度”。东印度包括印度尼西亚等东南亚国家，因此西方殖民者们在“东印度地区”设立的殖民机构都统称为“东印度公司”。

“日不落帝国”的东印度公司

英国东印度公司全称是“对东印度群岛贸易的英国商人联合公司”，它设立于1600年，是世界最早的东印度公司。女王伊丽莎白一世亲自授予该公司皇家特许状，给予其在东印度的贸易垄断权。在苏拉特建立第一个商业事务所后，英国东印度公司逐渐扩大范围，从贸易公司变成拥有政治和军事职能的印度实际主宰者。

▲ 英国东印度公司

争夺与扩张

为了守住自己的地盘，英国东印度公司经常与来自荷兰、葡萄牙的船舰发生武装冲突。但很快，英国人就意识到，战争的胜利并不能为他们获取更大的权力。于是英国与莫卧儿帝国交易，希望在苏拉特和其他地区授予东印度公司定居和建立工厂的权利。作为交换，东印度公司会提供欧洲货物与珍宝。莫卧儿国王欣然接受。从此英国在印度大肆掠夺，牟取了可观的财富。

土崩瓦解

大约从18世纪六七十年代起，英国东印度公司开始走下坡路。后来，英国政府相继取消了东印度公司对印度和中国的贸易垄断权，东印度公司走向破产。

▲ 繁忙的港口

短暂繁荣——丹麦东印度公司

在丹麦国王克里斯蒂安四世的授权下，丹麦东印度公司于 1616 年创立，主要经营与印度的贸易业务。丹麦东印度公司在经历了短暂的繁盛期之后迅速衰落下去，于 1729 年解散。1732 年，该公司以“亚洲公司”的名义重组。19 世纪初，丹麦遭到英国海军的攻击，丧失了所有的舰队及黑尔戈兰岛，丹麦东印度公司就此成为历史。

世界首家股份制公司——荷兰东印度公司

1602年，荷兰也跟随英国的步伐，成立了荷兰东印度公司。荷兰东印度公司拥有自己的军队，能发行货币，甚至可以与其他国家订立条约。1669年，在诸多东印度公司中，荷兰东印度公司堪称最富有的私人公司，拥有超过150艘商船、40艘战舰、2万名员工与1万名佣兵。18世纪，由于荷兰与法国战争不断，荷兰东印度公司出现经济危机，并于18世纪的最后一年解散。

▶ 荷兰东印度公司

荷兰东印度公司曾是世界上最富有的私人公司。

▼ 中国的瓷器等商品

“我爱中国！”——瑞典东印度公司

瑞典东印度公司在瑞典哥德堡成立，成立的目的是为了与东亚特别是中国进行贸易。之所以把公司设在本国而不是东印度，是因为当时瑞典正处于战争中，不方便派船队去亚洲。在18世纪，瑞典东印度公司发展成为瑞典最大的贸易公司。在运营期间，该公司共有多达132次的至华远航，为国家获取了大量财富，这些财富大部分都是通过中国的茶叶和瓷器获得的。

最后一位选手——法国东印度公司

1664年，法国东印度公司成立，主要经营与印度和东非的贸易。与其他东印度公司相比，法国东印度公司特殊的地方在于它十分依赖政府。这家公司的领导者是国家权贵，公司的财政也主要靠国家的支援。等到没有了政府的支持，法国东印度公司自然就解散了。

▼ 法国权贵

17世纪，法国权贵流行戴假发。

激烈的茶运大赛

世界各国的饮茶习惯大都源自中国。茶叶是重要的外销物资，它的贸易史已经有 2000 多年了。由于新鲜的茶叶可以卖出高价，由此引发了一场激烈的茶运大赛。

英美之争

1834 年，英国议会取消了东印度公司茶叶进口的垄断权，英国成立了“茶叶委员会”，委托罗伯特·福钧以间谍身份在华学习茶叶种植技术，并在印度尝试种植中国茶叶。1845 年，美国设计建造的“飞剪式帆船”下水，其行驶速度远超英国普通商船。于是英国在大批种植茶叶的同时，和美国开展了竞速比赛。

“卡蒂萨克号”是19世纪最著名的帆船。

▲ “卡蒂萨克号”帆船

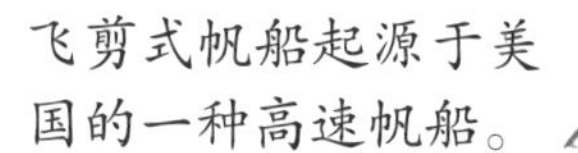

飞剪式帆船起源于美国的一种高速帆船。

▲ 飞剪式帆船

运茶大赛

1866 年 5 月，一场激烈的运茶大赛开始了，“爱丽儿号”“太平号”“火十字号”“赛里加号”等运茶船展开了激烈的争夺。“爱丽儿号”一路领先，而它最大的对手“太平号”则紧紧咬在身后。9 月 5 日，这两艘船前后脚驶进港口，差距非常小。

落下帷幕

随着技术的发展，飞剪式帆船的速度越来越快，“卡蒂萨克号”就是当时速度最快的运茶船。1872 年，“卡蒂萨克号”与“塞莫皮莱号”进行了一场比赛。随着“卡蒂萨克号”的失败，这场持续了 4 个月之久的茶运大赛落下帷幕，同时见证了中、英茶叶海上贸易的帆船时代也退出了历史舞台。

▲ 茶叶

▼ “爱丽儿号”和“太平号”帆船

全球贸易网络

从哥伦布到达美洲开始，海洋贸易网络的范围从局部开始扩大。每一条新航路的开辟都令这张大网的覆盖面更广，捕获的财富更多。到了今天，各个国家和地区都由这张覆盖全球的网络紧密地联系在一起。全球贸易网络究竟是如何形成的呢？

航路扩张

绝大多数从欧洲出发的商船或探险船都不是怀着和平交往的目的来到非洲、美洲和亚洲的，即使他们初到时表现得谦卑有礼，但用不了多久就会摘下伪善的面具，露出贪婪的嘴脸。西班牙、葡萄牙、荷兰、意大利、英格兰……这些欧洲帝国每开辟一条新航路，就说明又一个新殖民地产生了。这些宗主国与殖民地之间的航线组成了原始的海洋贸易网络。

占领港口

船要在港口靠岸，因此欧洲商人们首要占领的就是港口，然后以港口为据点扩大贸易范围。例如，葡萄牙人在 1553 年从中国明朝政府手中获得了澳门的居住权，随后逐步将澳门变成了自己的殖民地。澳门从一个盛产生蚝的小渔村变成了中外贸易往来的重要口岸。

更好的船

经济的发展与科技的进步是相互促进的。贸易全球化的趋势促使造船技术越来越先进，从桨船进化到汽船，再进化到动力更强、速度更快、装载量更大的专用货船。船变了，时代也变了。不再有只被掠夺的殖民地，有的是一个个经济独立的国家或地区；不再有只拿走产品而什么都不送回的殖民者，有的是在全球贸易网络流通的世界各地的商品。法国能用我们的丝绸做衣服，我们也能享受法国的红葡萄酒。

世界贸易组织

第二次世界大战结束后，联合国成立了关税及贸易总协定，随后这个组织又在 1995 年蜕变成世界贸易组织，简称 WTO。WTO 在全球有 164 个成员，它的职能包括调解贸易纠纷、管理贸易协定、监督成员国的贸易立法等。

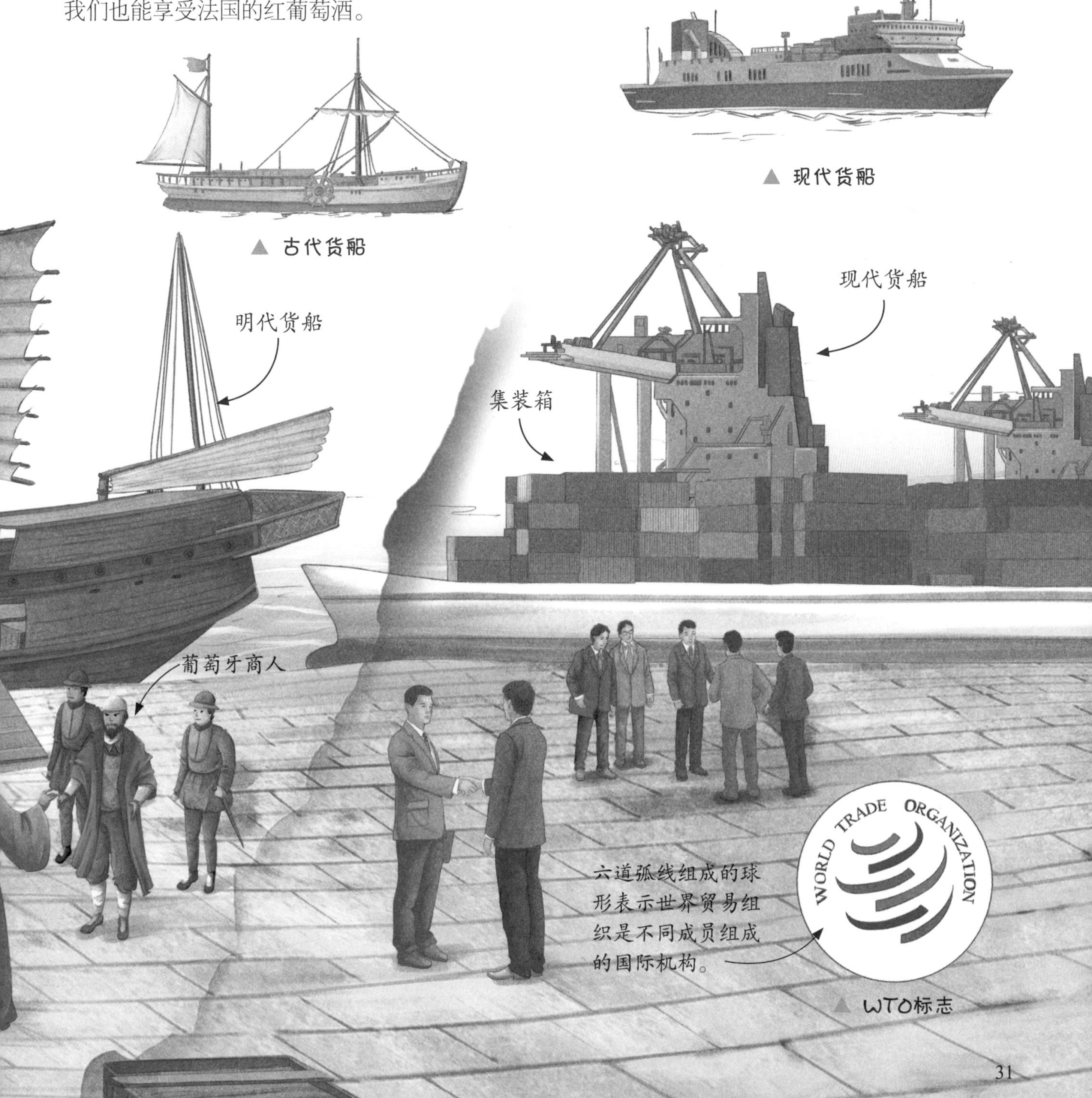

▲ 现代货船

▲ 古代货船

▲ WTO标志

海战硝烟

人类的文明不断蜕变发展，在这个过程中始终有战争伴随。部落之间的角逐和国家之间的对抗，推动人类历史不断走向新的阶段。在这些战争中，海上战争是非常重要的部分。海战，顾名思义就是敌对双方在海上进行的战争。本章再现了海战的奇幻风云，相信你一定可以从中感受到海战的惊心动魄。

武器的精进

武器对战争的影响至关重要。随着科学技术的进步，舰船动力装置日益发展，海洋战争中的主力武器也在不断升级，武器逐渐从冷兵器向火炮、鱼雷、深水炸弹、导弹武器等进行过渡。

▲ 加莱塞桨帆战船

芦苇虽柔弱，亦可做战船

古埃及人在地中海和尼罗河流域的战斗是目前可被查阅到的较早的海战记录。古埃及人将芦苇捆成一捆，利用这些成捆的芦苇制作战船。此种战船通常由两人合作，一人负责撑船，另外一人负责投石。

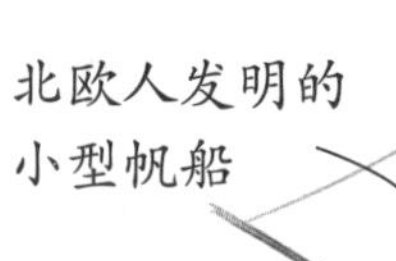

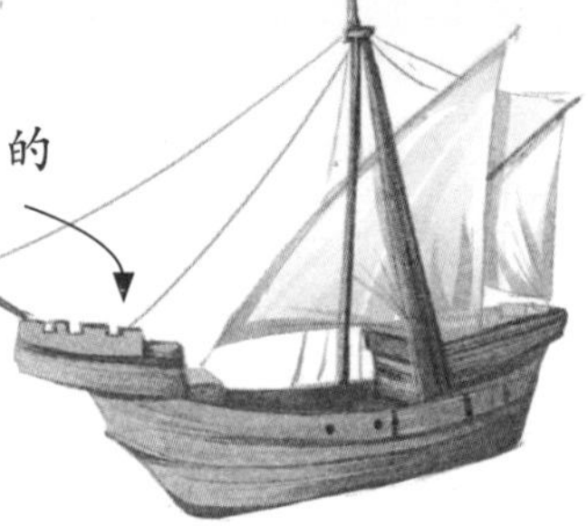

▲ 柯克帆船

▼ 芦苇船

风帆飘扬，战船启航

从古罗马时代到中世纪，海上作战通常使用大型风帆战船，以弓箭为武器与敌方进行海上战斗。大型风帆战船利用海风吹动风帆，为战船提供行驶的动力。古罗马时代以桨帆战舰为主，到了中世纪，柯克帆船、加莱塞桨帆战船等相继诞生。

▼ 桨帆船

火炮发明，助推战列舰诞生

文艺复兴时期，一声巨响，火炮登上历史舞台。作为重要的射击武器，火炮自然而然地成了战船上的装备之一，从此火炮风帆战船取代了桨帆战船。火炮更大的贡献在于推动了战列舰的诞生。战列舰是一种高吨位的海战战船，主要进行大口径火炮攻击与厚重装甲防护，可以执行远洋作战任务。

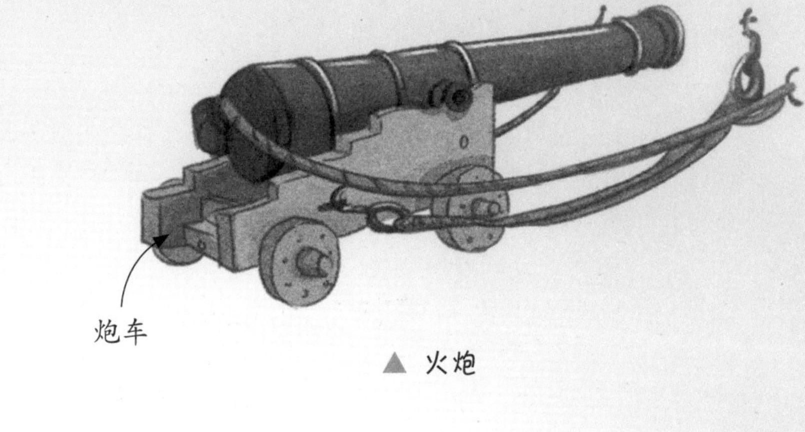

▲ 火炮

◀ 风帆战列舰

桨手们沿着船边一字排开而坐。

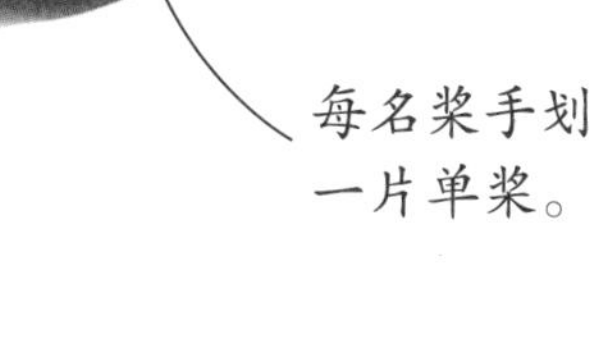

每名桨手划一片单桨。

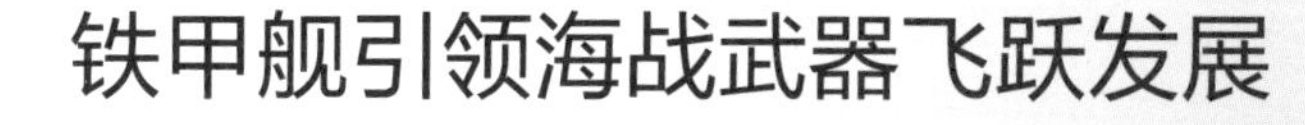

铁甲舰引领海战武器飞跃发展

进入 19 世纪，铁甲舰被成功制造出来，它带来了人类海战史上的重要改变。铁甲舰还有一个名字叫“装甲舰”，它是一种蒸汽式军舰，外面覆盖着坚硬的铁或钢制装甲，可以抵御炮弹轰炸。铁甲舰有着多种用途，无论是公海战斗、海防活动，还是远程巡洋等，对它来说都不在话下。第一次世界大战时期，木制的风帆战船被淘汰，各大强国都改用最新式的铁甲战舰，同时鱼雷也得到了应用。

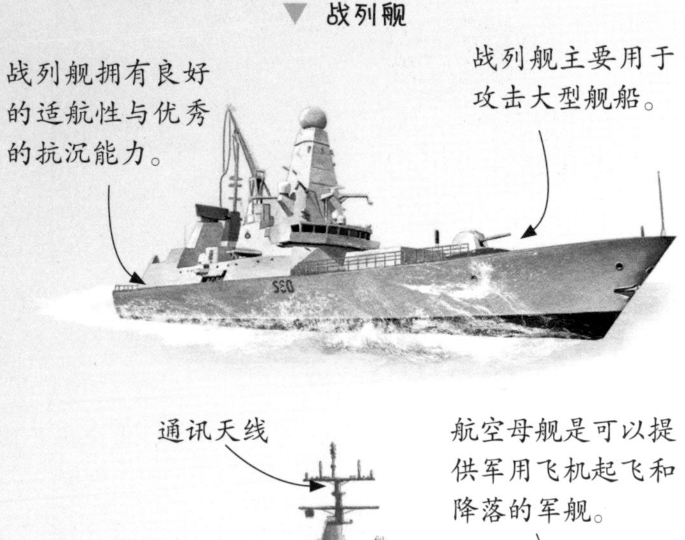

▼ 战列舰

战舰种类多样化

在铁甲舰出现后不久，驱逐舰作为主要的海战武器出现在第一次世界大战中，是海军重要的舰种之一。船装备有防空、反潜、对海等多种武器，是突击力很强的中型军舰之一，主要职责是护航，用途多样且广泛。第二次世界大战后期，战列舰逐渐式微。战争结束后，导弹核潜艇和航空母舰取代了战列舰的战略地位。

▲ 航空母舰

航空母舰

航空母舰简称“航母”，是一种大型水面舰艇。航空母舰在第二次世界大战期间表现优异。战列舰作为专职舰炮攻击的海战舰船退出历史舞台后，各国开始使用航空母舰的舰载机和舰对舰导弹进行海战。航空母舰是现代海军不可或缺的组成部分，也是判断一个国家综合国力的重要标准。我国的航空母舰——“辽宁舰”在 2012 年 9 月 25 日正式服役。

新时代武器

导弹作为依靠制导系统控制飞行轨迹的新式武器，从 20 世纪末开始被各国海军广泛使用。以核反应堆为动力来源设计的潜艇，也成为大国海军的主力战队。海军装备体现了一个国家的综合国力，相关武器设备及先进技术研发的重要性不言而喻。

空中战机
方向舵
空速管
导弹驱逐舰
搜索雷达
雷达
舰炮
防空导弹系统
舰桥
鱼雷

萨拉米斯海战

公元前 480 年，古希腊各城邦和波斯帝国在希腊半岛的萨拉米斯海湾爆发战争。这场战争成为第二次希波战争的转折点，为希腊成为海上帝国奠定了基础，波斯帝国由盛转衰。

▲ 薛西斯一世

虎视眈眈，卷土重来

波斯帝国拥有强大的海军舰队，对希腊虎视眈眈。波斯国王大流士一世曾两次带领海军出兵远征希腊，都因为遭遇飓风和强有力的阻击而被迫撤退。公元前 480 年，为了一雪前耻，沉寂了 10 年之久的波斯帝国在新任国王薛西斯一世的带领下，再次启程远征希腊。

希腊城邦生死攸关

波斯军队的猛烈进攻让希腊饱受战争之苦。在首次交锋的温泉关一战中，著名的斯巴达三百勇士拼死抵抗三天，但温泉关还是失守，三百勇士全部牺牲。许多不堪战争之苦的希腊城邦纷纷投向波斯帝国，波斯军长驱直入攻陷雅典。希腊军队节节败退，一直退到了萨拉米斯岛。薛西斯一世命人堵住了出口，将希腊军队围困在萨拉米斯海湾。此时的希腊处在生死存亡的危急关头。

破釜沉舟，决战萨拉米斯

公元前 480 年 9 月 20 日黎明时分，著名的萨拉米斯海战正式爆发。在希腊海军统帅地米斯托克利的指挥下，佯装逃跑的希腊士兵向薛西斯一世“邀功”，将急于求成的薛西斯一世引诱进海湾。狭小的海湾令波斯帝国的巨型战舰无法自由行驶，在小巧迅速的希腊战舰围攻下，波斯军队陷入一片混乱。在飓风袭击和地形失利的双重威胁下，毫无还手之力的波斯海军狼狈后撤。这场战争彻底打破了希波关系格局，希腊城邦得以幸存，而强大一时的波斯帝国就此一蹶不振。

海神庇佑

在古希腊，海神波塞冬为人们所崇拜，是三界君主之一。波斯军队围攻希腊城邦联军时，风暴异常凶猛，波斯损失了一半的战船，扭转了战局，直接促成了希腊的胜利。希腊人认为这是波塞冬对他们的庇护，更加崇拜海神波塞冬，并且为他铸造了铜像。

▼ 海神波塞冬

西班牙无敌舰队

“无敌舰队”在西班牙文中的意思是“伟大而幸运的海军”。这支舰队是 16 世纪晚期西班牙著名的海上舰队，有着强大的军备力量。英西大海战后，随着西班牙的战败，无敌舰队的辉煌也同舰船一起沉入大海，不复存在。

建立初衷

1545 至 1560 年，西班牙从海上掠夺了大量的金银财宝，成为当时欧洲最富有的国家。世界上开采的贵金属中约 83% 被西班牙收入囊中。此时英国的资本主义已开始萌芽，为了维护海上利益，提前防范日渐崛起的英国，西班牙建立了无敌舰队。

规模宏大，霸权利器

无敌舰队拥有大约 130 艘战舰、3000 多门大炮以及数以万计的士兵，在最鼎盛的时期拥有上千艘舰船。士兵们的装备有盔甲、长矛、火枪和大炮，每门大炮配备 50 枚炮弹，舰队上还有神父为船员们祈祷。无敌舰队规模空前，有着极强的战斗力。凭借着如此实力，这支舰队横行于地中海和大西洋，成为西班牙人引以为傲的霸权利器，被西班牙人自信地称为“无敌舰队”。

上帝安排的风浪

西班牙无敌舰队共经历过 5 次针对英国的远征行动，都以失败而告终。在 5 次远征中，无敌舰队接连遭遇巨大的暴风雨，因此很多人说西班牙的无敌舰队是一支被暴风雨摧毁的舰队。5 次远征后，威名赫赫的无敌舰队永远留在了那广阔的海天边际。

▼ 暴风雨中的无敌舰队
西班牙凭借无敌
舰队强行贸易，
掠夺财富。
舰船的防御力和
火力都比较差。

英西大海战

对于西班牙无敌舰队的强大，我们已经有所了解。就是这样一支海军舰队，却在英西大海战中败给了实力远逊于自己的英国海军。是什么原因让战争的结果如此出乎意料呢？

▲ 海盗劫掠的财宝

利益冲突，剑拔弩张

16 世纪中叶，西班牙的发展如日中天，成为“日不落帝国”。此时英国海军的实力日益壮大，还暗中支持海盗抢劫西班牙商船，因而英国海军被西班牙看作不容忽视的威胁。西班牙欲扶持苏格兰女王玛丽取代英国女王伊丽莎白一世，从而控制英国，可这个计划走漏了风声，1587 年，玛丽被处死。这为西班牙进攻英国提供了借口。

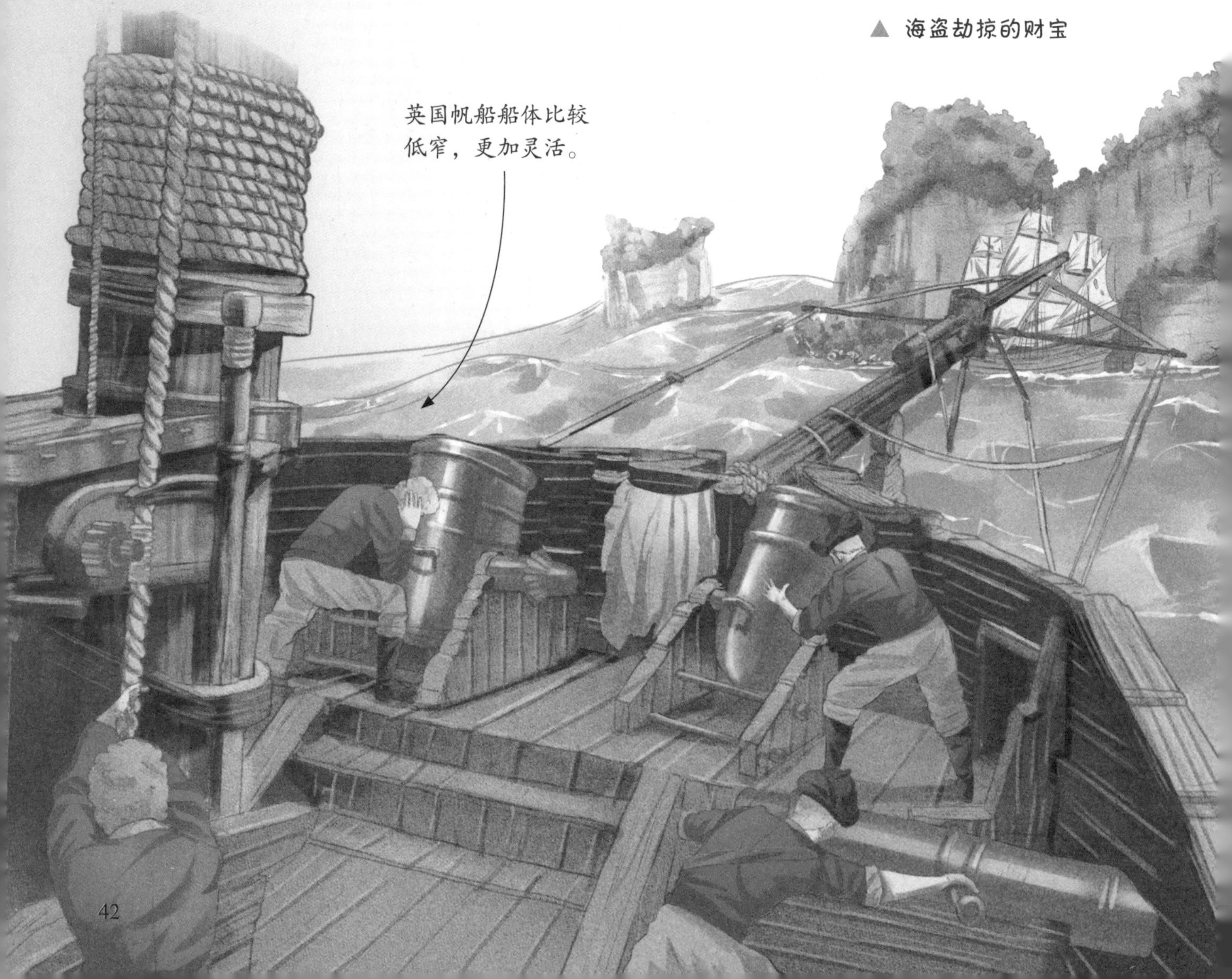

英国帆船船体比较低窄，更加灵活。

海战一触即发

1588 年 5 月，西班牙海军将领西多尼亚率领庞大的无敌舰队远征英国。英军积极应战，同时得到了海盗头目德雷克的大力支援。西英双方展开激战。由于船体笨重和战术老套，西班牙方面陷入被动，而英国舰船机动灵活，火炮射程远。在风暴中，英国利用在上风向的优势对西班牙进行猛烈的火攻，将无敌舰队打得狼狈不堪。

仅仅是败于风暴吗?

16 世纪的西班牙殖民地众多，凭借海洋赚得盆满钵满。但是这种靠强横维持的繁荣昌盛是建立在对殖民地利益的攫取之上的，必然不会长久。此外，西班牙的政治也十分混乱。腓力二世用人不当，舰队将领是陆军出身，对海战一窍不通。由此来看，无敌舰队的覆灭虽在意料之外，却也是情理之中。

此消彼长，命运殊途

英西大海战中西班牙的失败，使西班牙海上贸易的垄断权被严重削弱。此后的半个世纪，西班牙虽然保持着大国地位，但逐渐走上衰败之路。而对于英国来说，打败无敌舰队极大鼓舞了英国海军的士气，英国海军迅猛发展，同时带动了英国资本主义向前发展。英国作为一个新生的殖民帝国开始走向历史舞台。

以弱胜强的鸣梁海战

对于一场战争来说，什么是最重要的呢？也许是先进的装备，也许是有利的天气，也许是优秀的指挥，但巨大的勇气与魄力，对于战争来说也至关重要，它可以让能力得到最大程度的发挥，可以使弱小战胜强大。鸣梁海战就是一个例子。

李舜臣是朝鲜的民族英雄。

▲ 被囚的李舜臣

政局动荡

1592 年，朝鲜与日本在闲山岛附近爆发海战，朝鲜将领李舜臣率军在此次海战中击沉日军船只 48 艘。日本视李舜臣为眼中钉、肉中刺，便使用反间计诬陷李舜臣居功自傲、阴谋篡权。朝鲜国王中计，将李舜臣下狱，又让无能的元均接替了李舜臣的职位。1597 年 3 月，准备充分的日本派出 14 万大军大举侵朝，也就是漆川梁之战。

英雄归来

漆川梁之战中，朝鲜水军受到重创，几乎全军覆没。大敌当前，朝鲜举国上下强烈要求重新启用李舜臣。朝鲜国王无奈之下重新任命李舜臣为三道水军统制使。

孤注一掷

1597 年 10 月，日军的 300 多艘战船向鸣梁海峡出动。漆川梁海战后，日朝两军实力悬殊，李舜臣义无反顾，决心与日军决一死战。他将商船伪装成战船，诱敌深入，结果日军中了埋伏，损失惨重。海面上硝烟弥漫，战况激烈。日军军心涣散，企图趁海水退潮时逃走，但是战船被李舜臣提前布置的木桩和铁索拦住，致使搁浅，后被歼灭。

将恐惧化为勇气

在鸣梁海战之前，朝鲜海军只剩下 12 艘战船，人们都认为无法与日军抗衡。但李舜臣没有放弃，而是拿出了与敌人战斗的巨大力量和无限的勇气。这种精神非常值得我们学习。

▼ 鸣梁海战

龟船操作灵活、火力强，而且防护力很强。

龙头

朝鲜龟船

射击窗口可发射铳炮和弓箭。

小百科

李舜臣是朝鲜著名的海军将领、抗日民族英雄。李舜臣从小练习武艺，精通各种兵器，并饱读兵书，深通韬略。他作战灵活，善于利用潮汐、迷雾和战场的变化。他还发明了当时世界上最先进的装甲战舰——龟船。

郑成功收复台湾归来。

郑成功收复台湾

台湾自古以来就是我国不可分割的领土，但它却多次被掠夺、割让。17 世纪初，荷兰殖民者占领了台湾。1661 年，郑成功率领大军经过数月的奋战，终于将荷兰殖民者从台湾驱逐，让宝岛台湾回归祖国。

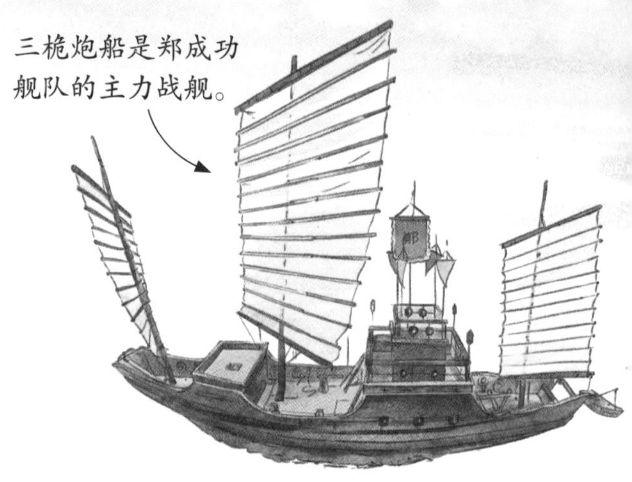
三桅炮船是郑成功舰队的主力战舰。

收复台湾势在必行

明朝末年，荷兰人霸占了台湾的海岸，修建城堡，向台湾人民勒索苛捐杂税。百姓们不断反抗，却遭到了荷兰侵略军的镇压。同时，郑成功在攻打清朝的战争中困守思明岛，粮草匮乏，开始考虑开拓新的根据地。台湾岛上粮食与军用物资充足，岛屿地理位置佳，又有海峡天险，十分符合建立新根据地的需求。于是郑成功决定收复台湾。

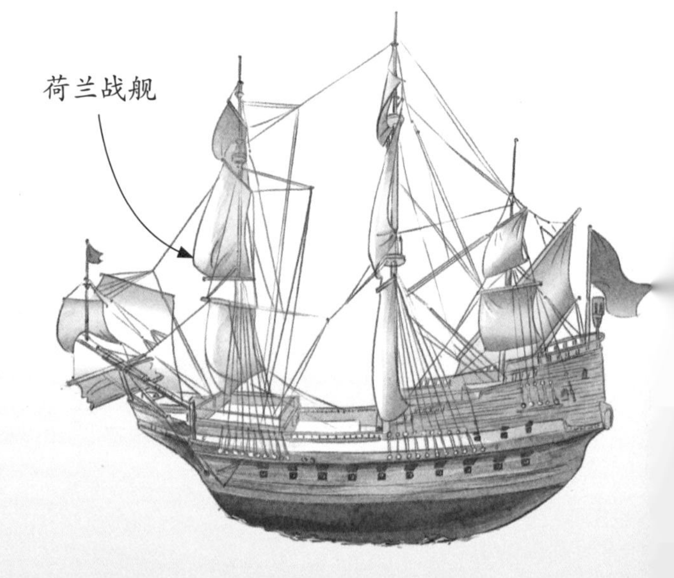
荷兰战舰

正义之战的胜利

郑成功充分展示出自己冷静睿智的战略思维，最终赢得了战争的胜利。郑成功的船队经过鹿耳门登陆，上岸以后受到了台湾人民的热情接待。在当地人民的帮助下，郑成功率军重创赤嵌的荷兰军，迫其投降。随后郑成功趁热打铁，攻打台湾城，但是因为城池坚固，易守难攻，只得长期围困。郑成功积极推行屯垦制度，寓兵于农，军粮问题得以解决。后来荷兰派出军队前来支援，两军再度交战。郑军火炮齐发，经过一小时的激战，荷军被击败。

▲ 台湾民众热烈欢迎郑成功

民族英雄郑成功

郑成功是 17 世纪著名的抗清将领。因明朝隆武帝赐其明朝国姓朱，郑成功又被世称“国姓爷”。因为永历帝封郑成功为延平公，人们也称郑成功为“郑延平”。郑成功去世后，台湾陆续建立了许多庙宇用来纪念这位民族英雄。1962 年，正值郑成功收复台湾 300 周年，郑成功纪念馆在厦门鼓浪屿隆重开馆。馆内展示了郑成功的生平事迹，弘扬他维护国家主权和坚持民族大义的伟大精神。

▼ 郑成功

捍卫领土，流芳千古

郑成功收复台湾的军事斗争，是中国古代海战史上最大的登陆作战，也是中华民族反对外来侵略的成功尝试。此次战争的胜利驱逐了荷兰殖民者，结束了荷兰在台湾的殖民统治，维护了中华民族的利益，捍卫了中国主权和领土的完整。

拿破仑的失败

拿破仑远征埃及期间，曾与英国爆发了阿布基尔海战。这场战役或许让拿破仑一生都无法忘怀，因为最终英国大败法国，拿破仑尝到了失败的滋味。

拿破仑·波拿巴

拿破仑·波拿巴是杰出的政治家和军事家。1769 年，拿破仑出生在科西嘉岛。拿破仑身材矮小，肤色黯淡，但他的铁骑曾踏遍欧洲许多国家，他曾 5 次打破反法联盟。黑格尔评价拿破仑为"马背上的世界精神"。然而，阿布基尔海战却为拿破仑的不败神话涂上了一笔不和谐的色彩。

战前准备

18 世纪末，拿破仑在埃及成功登陆，而宿敌英国军队也追踪而来。部分法国海军在阿布基尔架起大炮，布置下防御工事。法国海军上将布律埃斯认为强风会阻挡敌人的进攻，便放松了警惕。英军将领纳尔逊拥有极强的求胜心，主张越早采取行动越好。布律埃斯疏忽大意，导致防御不足。英军在准备充分的情况下果断进攻法国，海战就此爆发。

激烈角逐，血染大海

英军的突然进攻让布律埃斯措手不及。他下令向英军开炮，但因为双方距离过远根本无法击中。而后英军迅速采取“近身作战”战术，对法军舰船进行猛烈攻击。激战数个小时后，法国的前锋舰队基本被歼灭，只有中坚力量还在奋力抵抗。决战过程中，双方主帅均身负重伤，法军将领布律埃斯最终以身殉职。

重划政治格局

这次战争的失利让拿破仑遭受了重大挫折，直接促成了第二次反法同盟的形成。拿破仑的军队被迫滞留在埃及，3年后不得不向英军投降，拿破仑本人则偷乘商船返回法国。

一艘法国战船损毁严重，沉入大海之中。

海面上到处都是战船的碎片和落水逃生的士兵。

维堡海战

俄瑞战争期间，双方爆发了一场重要的海战。经此一战，两国的海权地位彻底发生了改变，强大的一方不复从前，而原本相对弱小的一方却走上了海洋强国的舞台。

乘虚而入

维堡海战的背景还要从俄国与土耳其之间的冲突谈起。土耳其要求俄国承认格鲁吉亚是土耳其的属地，并归还之前占领的克里米亚，俄国拒绝了土耳其的要求。土耳其在1787年对俄开战，第二次俄土战争爆发。瑞典国王古斯塔夫三世觉得这是难得的机遇，于是在第二年对俄国宣战，俄瑞战争正式爆发。

▲ 拼死搏杀的士兵

遭受重创，陷入对峙

1788年7月17日晨，俄国发现瑞典舰队后立即向其逼近，力图阻止瑞军前进。傍晚，双方军舰交火，很快陷入激战。虽然瑞典在战船数量上占有优势，但是俄军在上将格雷格的带领下奋勇拼杀，重创并俘获了瑞典旗舰“古斯塔夫亲王号”，动摇了瑞典海军的军心。俄军士气高涨，对瑞军展开猛烈炮轰。瑞典军舰撤到了斯维亚堡。俄国舰队乘胜追击，将瑞典舰队包围起来，同时封锁了北航道和东部海口，封锁了维堡湾。

海战收官

为打破对峙局面，俄国舰队对瑞典舰队再次发起攻击，击沉和俘虏了部分敌舰，迫使瑞典舰队向比斯科普斯岛撤退。1790 年 7 月，瑞典舰队为突破北航道的防线，对俄发起攻击，一番苦战后，瑞典主力终于突围成功。瑞典海军付出了 7 艘战列舰、3 艘巡洋舰和 54 艘其他舰船的代价，死伤更是不计其数。这次海战致使瑞典走向衰落，俄罗斯则在波罗的海确立了霸权地位，以海洋强国的新身份出现在世界舞台上。

历史的巧合

当维堡战争的捷报传到俄国女皇叶卡捷琳娜二世耳中时，她高兴不已，为此创作了一个叫作《倒霉的骑士》的剧本。此剧对瑞典国王古斯塔夫三世嘲讽了一番。古斯塔夫知晓后非常气愤，却也无可奈何。最后，古斯塔夫恰巧是在剧院被刺杀身亡的。

▲ 俄国女皇叶卡捷琳娜二世

棋逢对手

1805 年 10 月 21 日，英国舰队与法国、西班牙的联合舰队爆发了帆船时代的最后一场大规模海战——特拉法尔加大海战。结果，英军以少胜多，法军精锐之师几乎全部折损。不可一世的拿破仑不得不放弃了入侵英国的计划。

海战拉开序幕

1805 年 10 月 21 日，特拉法尔加大海战正式打响。英国海军总指挥纳尔逊事先制定了作战策略，把舰队分成了三个部分，分别负责进攻、敌后作战和突袭作战。法西联军因为大意没有发现敌情，直到英军逼近才急忙应战。纳尔逊见法西联军军心不稳，立即改变作战策略，对其进行前后夹击。战斗持续了大半天的时间，法西联军被打得狼狈不堪，损失惨重。

各自发展，矛盾激化

工业革命之后，英国资本主义迅速发展，工业的水平逐渐提高，对资源的需求量日益增大，于是开始走上殖民扩张的道路，法国的利益因此受到威胁。法国大革命之后，拿破仑建立了法兰西第一帝国，并与西班牙、荷兰结为盟友。与此同时，英国也积极扩大势力，与奥地利、俄国等国组成了反法同盟。双方形成对峙局面。

终见分晓

在交战过程中，法西联军内部有多艘舰船相撞，形势变得更加严峻。在英军的猛烈攻击下，法西联军彻底溃败。在交战过程中，英国指挥官纳尔逊英勇牺牲。到此为止，持续了一百多年的英法海权之争画上了句号。英国自此成为海洋强国，在此后百年间掌握着海上霸权。

▲ 纳尔逊部署作战计划

惺惺相惜

拿破仑对纳尔逊非常推崇，当他听到纳尔逊的死讯后，立即下令在每艘法国的军舰上悬挂纳尔逊的画像，一则为了悼念这一战斗英雄，二来也是勉励法国海军以纳尔逊为榜样。由此可见，拿破仑胸襟开阔，具有不凡的统帅气质和大将风度。

木质战船的终结

纳瓦里诺海战是为了争取希腊独立而爆发的战争，但是这场战争并没有希腊参与，而是英、法、俄三国联合舰队与奥斯曼土耳其、埃及联合舰队之间的对抗。是什么原因让英、法、俄三国参与到这场战争中呢？希腊是否能因此独立呢？

正义之师与杀戮的较量

19世纪初，为了摆脱奥斯曼土耳其的专制统治，希腊爆发民族大起义。彼时奥斯曼土耳其正处于衰落期，根本无法凭自身的军事力量镇压起义，于是策动埃及入侵希腊。埃及本不愿出兵，可听说对方愿意割让岛屿，便欣然答应。后来，土埃军队大肆杀戮无辜的希腊民众，让整个欧洲都颇为震惊。为此英、法、俄三国联合协定，对驻扎在希腊境内的土埃军实行“和平封锁”，并敦促其接受希腊实行内部自治，但土耳其统治者拒绝了这个要求。三国决定派出联合舰队，用武力解决争端。

▼ 前进中的三国联军

联合舰队驶入纳瓦里诺湾。

一决胜负

1827年10月，英、法、俄三国海军集结后，进入了纳瓦里诺湾，对土埃舰队展开火攻，双方随即陷入激战。但由于前期配合不够默契，三国军队处于劣势。在这种情况下，俄军拉扎列夫上校凭借高超的指挥才能扭转了不利局势，土埃联军因此遭到重创，几乎全线溃败。英法俄联军趁热打铁，继续对土埃联军展开猛烈的炮轰。最终，土埃舰队几乎全军覆没。

他是俄国海军将领，也是科学家、航海家。

▲ 米哈伊尔·彼得罗维奇·拉扎列夫

帝国末路，希腊独立

土埃联军虽然在舰船数量上占有绝对优势，可是武器装备过于落后，人员战斗力也比较弱，所以在战前双方胜负基本已成定势。纳瓦里诺海战促进希腊取得了民族独立，大大削弱了奥斯曼土耳其的力量。此外，这场海战还在一定程度上增强了俄国的海军力量，丰富了俄国的作战经验。

惨痛的教训

历史上，中日两国之间曾经爆发过多次战争，其中甲午中日黄海海战是重要一役。黄海海战是甲午中日战争的重要组成部分，也是中日海军主力之间的一次大决战。这场海战让著名的北洋舰队遭受重创，失去了黄海的制海权。

历史必然——落后就要挨打

1868 年，日本开始了明治维新运动，并逐渐走上了资本主义道路。但日本资源匮乏、市场狭小，无法满足经济发展的需要，国内矛盾日益突出。为了解决资源危机、转移国内矛盾，日本决定对外扩张。当时的中国正处于清朝晚期，政治腐败、外强中干，所以成了日本的侵略目标。1894 年 7 月 25 日，日军突然在朝鲜丰岛海域对中国北洋水师的巡洋舰发起袭击。8 月 1 日，中日双方正式宣战。

洋务运动

19 世纪 60 年代到 90 年代，晚清洋务派掀起了一场以引进西方军事装备、机器生产和科学技术为主要内容的自救运动。晚清政府和洋务派实施了包括建立北洋水师在内的一系列措施，希望借此摆脱当时清朝的内忧外患，维护清朝统治。

▼ 日本联合舰队战舰

激烈交战

1894年9月17日上午，海战爆发。双方激战一段时间后，日军突然改变策略，进攻北洋舰队的两翼。两翼战舰上的官兵拼死抵抗，却没有阻挡住敌方的猛烈炮火。很快，两翼战舰起火损毁。此外，丁汝昌乘坐的“定远”舰也遭到炮击。丁汝昌身负重伤，无法指挥战斗，北洋舰队陷入慌乱。双方混战的过程中，邓世昌乘坐的“致远”舰遭遇日军围攻，情况十分危急。于是，邓世昌和官兵们毅然驾驶战舰全速撞向日本主力舰“吉野号”，准备和敌人同归于尽。可是，“致远”舰在中途就被日军鱼雷击沉，舰上的官兵全部壮烈殉国。为了减少损失，北洋舰队撤退到威海港内。至此，黄海海战结束。

北洋失败，痛定思痛

甲午中日战争的失败，标志着中国历时30多年的洋务运动失败。甲午战争后，中日签订《马关条约》，中国丧失了部分国土主权，国家半殖民地半封建化的程度加深，国际地位一落千丈。而日本实力增强，开始加速殖民扩张，一跃成为亚洲强国。时至今日，虽然甲午战争已过百年，但它仍给予我们启示：落后就要挨打，我们应时刻铭记历史，自强不息。

▲ 马关条约

从风帆到蒸汽

普奥战争期间，意大利作为普鲁士的盟友，与奥地利在亚得里亚海利萨岛附近爆发海战。这场战争史称“利萨海战”，是以蒸汽为动力的铁甲舰之间的战斗，标志着海战已经从风帆时代过渡到了蒸汽铁甲时代。

▲ 普意联合

强强联合，各取所需

1866 年，普奥战争爆发。普鲁士宰相俾斯麦通过外交手段和意大利结为盟友。之后，普鲁士想借助意大利的力量统一德意志，而意大利则想趁机收复威尼斯。同年 6 月，普鲁士与意大利联合向奥地利发起进攻。可是，意大利在陆战中打了败仗。为了扭转战局，意大利决定发挥自己的优势，把战场转移到海上。7 月，意大利调集海军，开始攻打奥地利的利萨岛。利萨海战正式打响。

冯·特格特霍夫

奥军将领冯·特格特霍夫是19世纪最伟大的海军指挥官之一，拥有出色的指挥才能。在利萨海战中，就是他领导奥军赢得了战争的胜利。1877年，他的纪念碑在波拉竖起，碑上刻着："勇敢战斗在赫里戈兰，光荣胜利在利萨，他使奥匈帝国海军获得了强大和不朽的声誉。"2004年，他的头像还被印在新发行的20欧元纪念币上。

▲ 冯·特格特霍夫

指挥技术的博弈

1866年7月，意军与奥军首次在海上交手，结果意军2艘战舰被击沉，只能暂时撤退进行休整。奥军自知实力不如意大利，于是调整战术让舰队呈"V"字形纵向排列。双方再次开战。意军将领佩尔萨诺指挥得不够专业，而且还临时将旗舰转换，使意军陷入混乱。奥军抓住这一机会，发动猛烈进攻。意军战舰的队形彻底被打乱，战舰各自为战。奥军开始了更频繁地攻击，最终取得了胜利。

意军战舰损坏，摇摇欲坠。

天时地利，不及人和

意大利海军被认为是世界上最强大的海军之一，拥有12艘铁甲舰，其中包括2艘快速舰以及装有炮塔的新式战舰，另外还有16艘木壳蒸汽机军舰。但他们的水兵没有经过专业训练，军官缺乏进取心，海军军官作战能力不足。而奥地利的装备虽然不如意大利，但其军官冯·特格特霍夫能力过人，这也是奥地利海军不可被忽略的优势。而且奥军士兵训练有素，上进心强，具备较高的专业水平。

日德兰海战

第一次世界大战期间，英、德海军在日德兰半岛附近的北海海域进行了一场殊死决战。这场海战是双方主力舰队的对决，英国海军虽然损失了比德国海军更多的舰船和人员，但取得了战略上的最终胜利。

重心转移，海上对决

第一次世界大战爆发后，德国本希望通过陆军赢得战争胜利，但是作战一年后，德国陆军陷入困境，于是又将战略重心转到了海上。英国为了限制德国战争资源的补给，对德国进行了海上封锁。为了突破封锁，获得海上行动自由，进而扭转战局，德国决定与英国进行海上对战。

兵力对比

约翰·杰利科率领的英国海军舰队由 28 艘战列舰、9 艘战列巡洋舰、8 艘装甲巡洋舰、26 艘轻巡洋舰、78 艘驱逐舰、1 艘水上飞机母舰和 1 艘布雷艇，共计 151 艘舰船组成。莱茵哈特·舍尔率领的德国舰队则有舰船 99 艘。

棋逢对手

1916 年 5 月，日德兰海战正式打响。初期，德军发挥作战系统的优势，多次炮击英舰。就在生死存亡之际，英军负责救援的 4 艘战列舰赶到，随即对德军猛烈开火。德军受到重创，撤离了战场。德军最终穿过自设雷区回到了军港。英军不敢轻易进入，只得返航。日德兰海战到此画上句号。

胜负难分

在这次对决中，德国舰队以相对较小的损失击沉了更多的英国舰船，取得了战术上的胜利；另一方面，英国舰队成功地将敌方封锁在了德国港口，取得了战略上的胜利。这是第一次世界大战中最大规模的海战，也是战列舰时代最后一次舰队决战。此后，英国人仍然牢牢掌握北海制海权。

无论是战舰火力还是战舰数量，英军舰队都占据上风。

珍珠港事件

1941 年 12 月 7 日，日本海军突然对美国海军基地珍珠港发动袭击，重创了美国太平洋舰队。这次行动成为第二次世界大战太平洋战场战争爆发的导火索，对世界历史产生了重要影响，美国也因此被卷入第二次世界大战。

军事要地珍珠港

珍珠港地处太平洋东部的夏威夷群岛，位于日本和美国之间，它是美国太平洋海军舰队最主要的军事基地，具有非常重要的战略意义。

利益受损，策划突袭

为夺取财富和资源，日本制定了一系列的侵略计划，然而中国人民英勇无畏的抗日斗争让日本的侵略计划面临各种危机。美国还对日本实施禁运，又联合其他国家暂停对日本供应石油。日本担心自己的侵略计划会进一步遭到美国阻挠，于是便对美国的珍珠港发动了突袭，希望起到震慑作用。

重大打击

12月7日清晨，日军对还在“沉睡”中的珍珠港展开突袭。美军没有任何防备，慌乱不已。而蓄谋已久的日军接连派出数百架飞机，不断投下一颗颗炸弹。就这样，珍珠港瞬间成为一片火海，机场被毁，战舰和飞机失去作战能力，军事设施变得面目全非，约2400名美国人丧生。这一打击，让美军损失惨重。

▼ 美军机场被日军重点轰炸

海战王牌——航空母舰

1941年11月，日本的航空母舰从择捉岛单冠湾出发，神不知鬼不觉地将特混舰队运送到了珍珠港附近，成功避开了美军的侦查系统，为日后突袭珍珠港作好准备。航空母舰向世人展示了它在远洋作战中的独特优势，成为重要的军事“王牌”。

▲ 日本航空母舰

中途岛海战

1942 年 6 月 4 日，美国和日本在中途岛海域爆发中途岛海战。这是第二次世界大战中唯一一次航母战斗群之间的对决，也是美国以少胜多的著名战役。经此一战，日本丧失了太平洋战场的主动权，反法西斯联盟距离胜利更近了一步。

破除威胁，实施海战

珍珠港事件之后，日本相继占领南洋诸岛，美国则多次对日本实施轰炸。日本希望彻底消灭美军的太平洋舰队，所以制定了第二次突袭美军的计划，他们的目标是美军另一个重要的军事基地——中途岛。可没想到，美军通过搜集情报提前知晓了日本的计划，做好了应战准备。

两度交战，激烈对决

6 月 4 日凌晨，日本海军中将南云忠一派出 100 多架战机突袭中途岛，美军出动多架战机积极应战。一时间，中途岛海域硝烟四起，到处都是刺耳的战机轰鸣声。第一次交手过后，两军都损失不小。之后日军又在海上发动第 2 次攻击，可美军派出精锐连续攻击日军的航空母舰。日军的大量战机和 3 艘航空母舰被摧毁，这使日军不得不从战场撤退。美军则展开了猛烈追击，日军一边反击一边狼狈而逃。

小百科

中途岛位于太平洋中北部，是美国的重要海军基地及夏威夷群岛的西北屏障。

美军战机的火力十分密集。

日军战机与美军展开殊死较量。

日军损失惨重

在中途岛海战中，日军损失航空母舰 4 艘、重巡洋舰 1 艘、飞机 300 架左右，3000 余人阵亡。相比之下，美军损失较小，被毁航空母舰 1 艘、驱逐舰 1 艘、飞机 147 架，300 余人阵亡。

重要转折，主动权易主

中途岛海战的意义在于挫败了日本在中太平洋的攻势，改变了日美两国海军在太平洋地区的实力对比。从此，日本丧失了在太平洋战场的战略主动权。这次海战成为太平洋战争的重要转折点。战局开始向有利于反法西斯联盟的方向转变。

航母大决战

1944 年 6 月 19 日，马里亚纳群岛附近爆发了一场海战，交战的双方依旧是二战中的宿敌——美国和日本。这场战争同样是第二次世界大战中太平洋战场的组成部分。

海上宝地争夺战

马里亚纳群岛被视为中太平洋航道的“咽喉”，是亚洲与美洲的海上交通要冲，也是美军进攻日本和远东的必经之路，地理位置非常重要，被日军称为“太平洋的防波堤”。因此反法西斯盟军需要占领它作为作战基地。在美军决定攻占马里亚纳群岛的同时，对手日军也制订了作战计划，准备狠狠地打击美军。

▼ 马里亚纳海战主要指挥官

斯普鲁恩斯是美国海军上将。

小泽治三郎是日本海军中将，也是日本最后一任联合舰队司令长官。

初见分晓

战争开始前，双方都派出了侦察机搜集情报。1944 年 6 月，日军得知美军位置后，多次派出侦察机搜索。美军发现及时，拦截并重创了日本的机群。不甘心的日军将领小泽治三郎增加了轰炸机的数量，对美军发动了第二轮袭击。美军再度成功将其拦截，致使日本战机毫无反击能力。两轮激战过后，美军取得了压倒性胜利，战争结果也大致有了分晓。

日本轰炸机群

大获全胜

虽然连续两次遭到重创，小泽治三郎仍打算对美军进行第三次攻击。正当决断之时，美军发现了日本的舰队。于是，士气高涨的美军开始对日军展开猛烈的攻击，主力舰队不断向日军逼近。双方进行了残酷壮烈的正面交战，日军损失惨重。最终，马里亚纳海战以美军完胜而宣告结束。

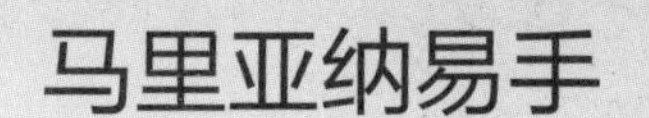

马里亚纳易手

马里亚纳海战中美军大败日军，取得了决定性胜利。这之后，日本舰队无力再与美军抗衡。从此，马里亚纳群岛完全被美军控制。

美军战机对日军战机实施拦截。

美军航母

准备起飞的美军战机

美军舰队

最大规模海战

1944 年 10 月，日本和美国展开了两国之间在二战中的第四次对决——莱特湾海战。这次海战堪称是迄今为止规模最大的海战，也是最后一次航母之间的对战。

吃尽苦头

1944 年 10 月 24 日，日本栗田先锋舰队进入莱特岛西北的锡布延海，美国海军发现后立即对其展开攻击并将其击退。25 日清晨，日本西村先锋舰队进入苏里高海峡，与美军舰队狭路相逢。激战后，日本舰队几乎全军覆没，西村战死。另外，由小泽率领的日军航母舰队进入恩加尼奥角海域后，引起了美军主力舰队的注意。美军航母沿途追击，日军的 4 艘航母被击沉。

连续失利，扭转战局

1944 年，法西斯国家在北非战场失利，日本孤立无援。加上日本在塞班岛、马里亚纳群岛等战役中接连战败，失去了太平洋的制海权。与此同时，中国军队也展开了战略反攻。如果再丧失菲律宾或台湾，日本的补给线将被切断，这对日军来说是致命的。因此日本决定背水一战，制订了侵占菲律宾的计划。

大规模的兵力

在这次海战中，双方都派出了庞大的兵力参与作战。以美军为首的盟军有 17 艘航空母舰、18 艘护卫舰、12 艘战列舰、24 艘巡洋舰、141 艘驱逐舰，还有约 1500 架飞机以及鱼雷艇、潜艇等。日军派出了 4 艘航空母舰、9 艘战列舰、19 艘巡洋舰，34 艘驱逐舰以及 1000 多架飞机参与作战。

彻底失败

在小泽舰队即将覆灭的时候，栗田舰队突然北上。美军主力意识到了危机，于是立即调转进攻方向，跟栗田舰队在萨马岛展开战舰对决。小泽舰队趁机逃窜。最终，日军损失惨重，再次撤出战场。莱特湾海战彻底摧毁了日本的海军力量，美国取得了太平洋战场的绝对制海权。

日本舰队损失惨重，
几乎全军覆没。

小百科

在这次海战中，日本第一次使用了神风特攻队。它由日本海军中将大西泷治郎创立，崇奉武士道精神，按照“一人、一机、一弹换一舰”的要求，实施自杀式袭击。

英阿之争——马岛海战

1982 年 4 月，英国和阿根廷为了争夺马岛的主权而爆发了一场战争，即马岛海战，现代化海战的大幕正式拉开。在这次海战中导弹首次得到广泛应用，这为英国海军两栖作战提供了宝贵的作战经验。

主权争议

马岛的全称是马尔维纳斯群岛，其地理位置优越，是南大西洋与太平洋之间的必经之路。1764 年，法国人开始在岛上建居民点，后来又将马岛转让给西班牙。1816 年，阿根廷摆脱西班牙而独立，并于 1820 年宣布对马岛拥有主权。1833 年，英国占领马岛并驱逐岛上所有的阿根廷居民。两国对马岛的归属问题一直存在争议。

▼ 阿根廷“贝尔格拉诺将军号”

小百科

“贝尔格拉诺将军号”巡洋舰曾是阿根廷海军舰队的一艘主力战舰。1982 年，它被英军核潜艇击沉，战舰上 300 多名阿根廷士兵丧生，占此次战役中阿军阵亡总人数的一半左右。

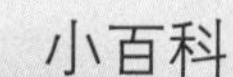

受损严重的阿根廷战舰

水平尾翼

鹞式战斗机是最早采用垂直起降技术的军机之一。

局势动荡，时机到来

1981 年，阿根廷爆发严重的经济危机，工人罢工频繁。总统加尔铁里为了缓解国内危机，稳固自己的政权，想通过发动马岛战争来转移公众的焦点。1982 年 3 月 19 日，阿根廷人在南乔治亚岛登陆，并升起了阿根廷的国旗。英国政府对此并未做出积极反应，这让阿根廷认为武力夺取马岛的时机已经到来。4 月 2 日，阿根廷出兵占领马岛，马岛战争正式爆发。

重归英国

4 月 3 日，英国得到消息后立即出动军舰赶往马岛。到达后，英军封锁了马岛海区并对南乔治亚岛展开攻击，占领了南乔治亚岛。5 月 2 日，英军击沉阿根廷的“贝尔格拉诺将军号”战舰。阿根廷海军再也沉不住气了，立即发起反攻，英军遭到重创。5 月 21 日，英军再次对马岛西端发起进攻。6 月 12 日，英军发动总攻。14 日，阿军投降，英军重占马岛。

海湾战争

1991 年 1 月 17 日，以美国为首的多国部队经联合国安理会授权后，对伊拉克发起军事进攻，海湾战争爆发。这次战争中，高科技武器得到了充分运用。最终，多国联合部队赢得了战争的胜利。

美国海军陆战队

债务缠身，大举入侵

1988 年两伊战争结束，伊拉克欠下科威特高额债务。伊拉克希望石油输出国组织（OPEC）降低石油产量，上涨石油价格，以便获利后偿还债务。但科威特提高了产量，造成油价下降。出于对战略安全的考虑，伊拉克在 1990 年 8 月武装侵占科威特，这成为海湾战争爆发的导火索。

资源紧张，抵制入侵

科威特石油资源丰富，一直是美国等工业大国的石油来源国。伊拉克入侵科威特，势必会影响这些石油输入国的利益。为了避免引发资源短缺等问题，美国等国家希望通过军事力量迫使伊拉克从科威特撤军。

突破防线，取得胜利

1991 年 1 月 17 日，以美国为首的多国部队发起“沙漠风暴”行动，空袭伊拉克。2 月 24 日，多国部队发起地面进攻。2 月 28 日，伊拉克接受停火，多国部队宣布停止进攻，历时 100 小时的地面战役至此结束。

▼ 美军“罗斯福号”航母

“罗斯福号”航空母舰是以美国总统的名字命名。

美军装甲车队对伊拉克实施炮火打击。

小百科

两伊战争为1980年爆发于伊朗和伊拉克之间的一场边境战争，时间长达8年。

萨达姆——巅峰走向低谷的瞬间

萨达姆自从出任伊拉克总统，就牢牢控制着伊拉克的政权。海湾战争结束后，萨达姆仍然控制着伊拉克的军政大权，却很少露面。2006年12月30日，曾经处于权力巅峰的萨达姆被处以绞刑，生命就此终结。

“罗斯福号”出动A-6舰载攻击机。